수학력을 높이고 싶은

________________ 에게

365
너의 수학력을 응원해

1판 1쇄 찍음 2024년 2월 13일
1판 1쇄 펴냄 2024년 2월 27일

엮은이 장석봉

주간 김현숙 | **편집** 김주희, 이나연
디자인 이현정, 전미혜
마케팅 백국현(제작), 문윤기 | **관리** 오유나

펴낸곳 궁리출판 | **펴낸이** 이갑수

등록 1999년 3월 29일 제300-2004-162호
주소 10881 경기도 파주시 회동길 325-12
전화 031-955-9818 | **팩스** 031-955-9848
홈페이지 www.kungree.com | **전자우편** kungree@kungree.com
페이스북 /kungreepress | **트위터** @kungreepress | **인스타그램** /kungree_press

ISBN 978-89-5820-875-4 (12410)

책값은 뒤표지에 있습니다.
파본은 구입하신 서점에서 바꾸어 드립니다.

제품명: 도서 제조자명: 궁리출판 주소: (10881) 경기도 파주시 파주출판도시 회동길 325-12, 2층 전화번호: (031) 955-9818 제조년월: 2024년 2월 제조국: 대한민국 사용연령: 8세 이상 주의사항: 책의 모서리가 날카로우니 다치지 않게 주의하세요. 사람을 향해 던지거나 떨어뜨리지 마세요. 종이에 베이지 않게 주의하세요. KC 마크는 이 제품이 공통안전기준에 적합하였음을 의미합니다.

이 수학력을 넘기기 전에

- 새 학기가 시작되는 3월부터 볼 수 있도록 구성했어요.

- 중학교 수학 교과 과정에 나오는 5개 주요 단원을 학년순으로 배치했어요.
  ☞ 수의 연산, 문자와 식, 함수, 기하, 확률과 통계

- 기초 개념, 공식, 원리를 하루에 1개씩 넘기며 정리할 수 있도록 엮었어요.

- 처음 만나는 핵심 개념? 어렵지 않아요. 한번에 알아볼 수 있도록 강조했으니까요!

- 8월까지 쑥쑥 넘겼나요? 9월부터 뒤집어 보세요!

엮은이 소개

장석봉

이 복잡한 세상에 마구 쏟아지는 지식과 정보 중에서 유익한 것들을 고르고 골라 여러분에게 소개하는 지식 큐레이터예요. 대학교에서 철학과 사회학을 공부한 후 수학, 과학, 역사 등 다양한 분야와 주제의 책을 기획하고 번역하고 있어요. 그동안 우리말로 옮긴 책으로 『세상에서 가장 아름다운 수학공식』 『빠르게 보는 수학의 역사』 『어메이징 필로소피』 『과학이란 무엇인가』 『세계 만물그림사전』 등이 있어요.
학년이 올라갈수록 외워야 할 것도 많은 수학 공식, 어렵거나 지루하진 않았나요? 중학교 수학 공식과 더불어 재미난 수학 상식을 곁들인 『365 너의 수학력을 응원해』와 함께라면 걱정 없어요! 이 달력을 곁에 두고 한 장씩 넘기면, 수학 공식이 친근해진답니다. 자신의 수학 실력을 높이고 싶은 여러분을 모두 환영합니다!

· 3월 ·

이 세상을 이루는
다양한 수에 대해 배워요!

· 4월 ·

이 수들로 다양한 식과
좌표를 만들어 보아요!

· 5월 ·

점, 선, 면으로 이루어진
다양한 직선과 도형을 만나요!

· 6월 ·

삼각형, 정다각형,
원의 길이와 넓이를 알아보아요!

· 7월 ·

원기둥, 각기둥 등의
다면체의 넓이와 부피가 궁금해요!

· 8월 ·

유리수와 소수의 세계,
단항식과 다항식의 세계를 만나요!

· 9월 ·

부등식과 방정식, 그리고 함수로
이루어진 세상을 여행해요!

· 10월 ·

삼각형의 내심과 외심,
평행사변형과 마름모를 만나요!

· 11월 ·

각 도형의 닮음에 대해
살펴보아요!

· 12월 ·

제곱근, 곱셈공식, 인수분해 공식을
다 같이 정리해요!

· 1월 ·

이차방정식과 이차함수의
풀이를 이해해 보아요!

· 2월 ·

대푯값, 평균과 같은
확률과 통계 용어도 배워 보아요!

MATH

3

March

이거 3월부터 시작하는 거 맞아

· 3월에 배울 수학 개념 ·

소소한 수학*
소수
합성수
소인수
소인수분해
거듭제곱
최대공약수
최대공약수 구하기
서로소
최소공배수
최소공배수 구하기
양수와 음수
정수
유리수
수직선
절댓값
수의 크기 비교
유리수의 덧셈 ①
유리수의 덧셈 ②
덧셈의 연산법칙
유리수의 뺄셈
유리수의 곱셈
곱셈의 교환법칙
곱셈의 결합법칙
분배법칙
복습!*
유리수의 나눗셈
역수
0의 역수
나눗셈을 곱셈으로 바꿔 계산하기
복습!*

MATH

소소한 수학

1

111111111

×

111111111

= ?

답: 12345678987654321

MATH

March

2

소수

Prime number

소수

●● 2

●●● 3

●●●●● 5

●●●●●●● 7

●●●●●●●●●●● 11

1과 자기 자신 이외의 자연수로는 나눌 수 없는 자연수를

소수라고 한다. 소수의 약수는 1과 자기 자신뿐이다.

(단, 1은 소수가 아니다.)

February

강한 상관관계와 약한 상관관계

Strong & Weak correlations

28

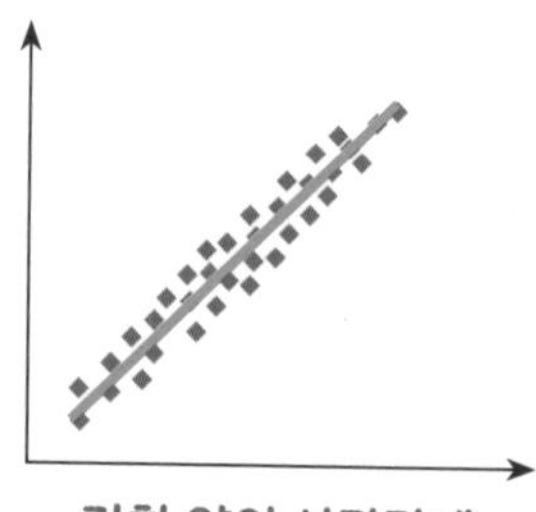

강한 양의 상관관계

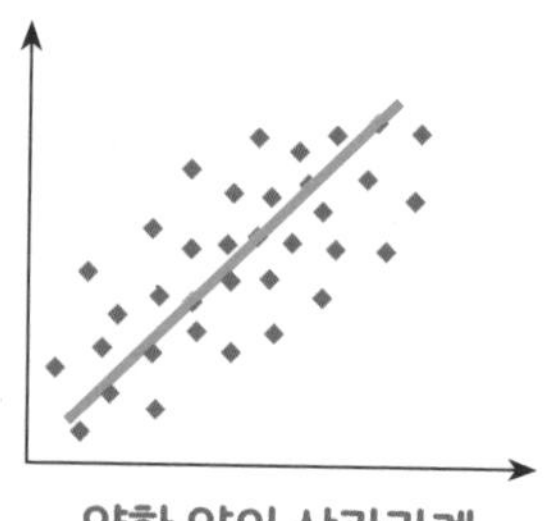

약한 양의 상관관계

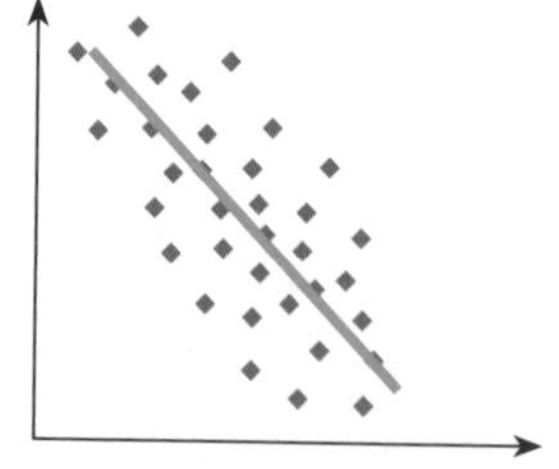

약한 음의 상관관계

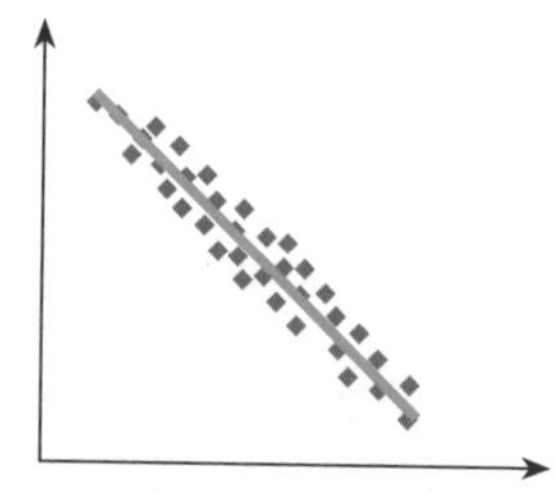

강한 음의 상관관계

합성수

Composite number

3

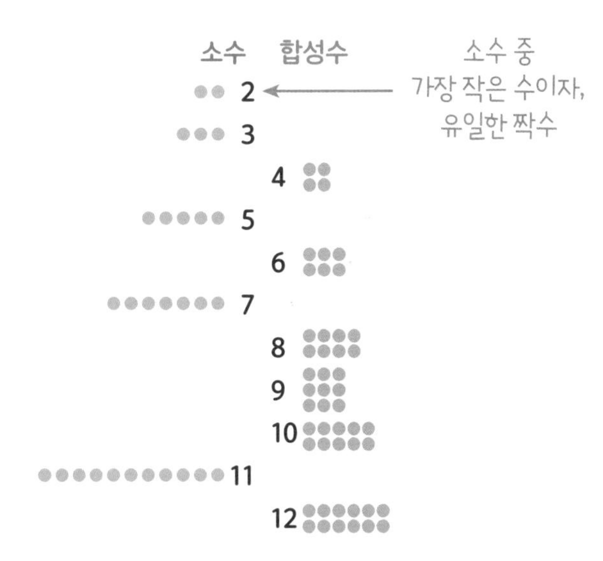

1보다 큰 자연수 중에서 소수가 아닌 수를 합성수라고 한다.

(단, 1은 소수도 합성수도 아니다.)

상관관계
Correlation

두 변량에 대하여 한 변량의 값이 변함에 따라

다른 변량의 값이 변하는 경향이 있을 때,

이러한 관계를 상관관계라고 한다.

소인수

Prime factor

$$18 = 2 \times 3 \times 3$$

합성수

소수

어떤 수를 자연수의 곱으로 나타낼 때

그 약수들 중에서 소수인 인수를 소인수라고 한다.

산점도

Scatter plot

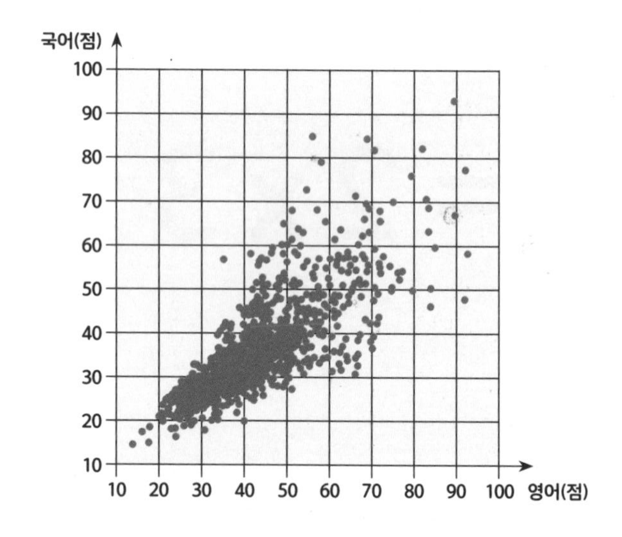

어떤 자료에서 두 변량 x, y의 순서쌍 (x, y)를 좌표평면 위에 점으로 나타낸 그래프를 **산점도**라고 한다.

소인수분해

Prime factorization

5

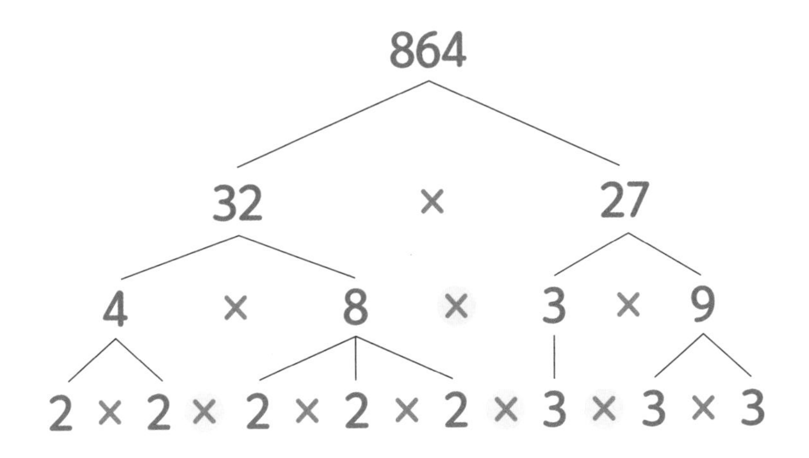

1보다 큰 자연수를 소인수들만의 곱으로 나타내는 것을

소인수분해라고 한다.

February

분산과 표준편차

Variance and Standard deviation

25

$$(\text{분산})=\frac{\{(\text{편차})^2\text{의 합}\}}{(\text{변량의 개수})}$$

$$(\text{표준편차})=\sqrt{(\text{분산})}$$

변량의 편차를 제곱한 값의 평균을 그 자료의 분산이라고 하고, 분산의 음이 아닌 제곱근을 표준편차라고 한다. 각 자료의 값이 평균을 중심으로 모여 있을수록 작고, 멀리 흩어져 있을수록 크다.

6

거듭제곱
Exponentiation

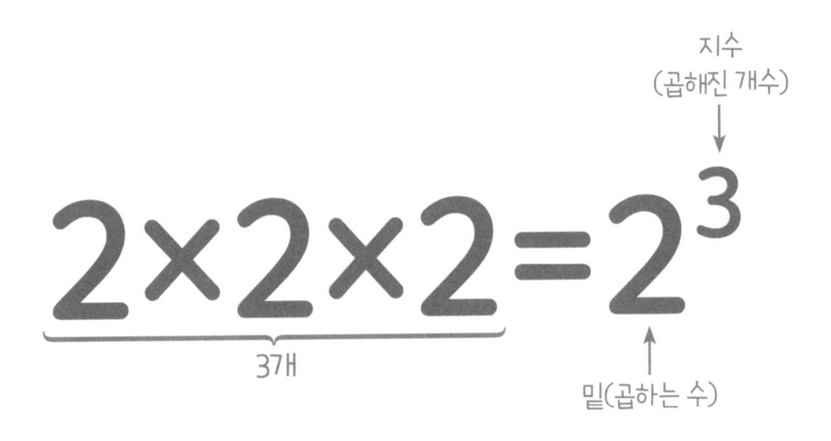

같은 수나 식을 거듭하여 곱한 것을 거듭제곱이라고 한다.

제곱, 세제곱, 네제곱 따위가 있다.

편차

Deviation

24

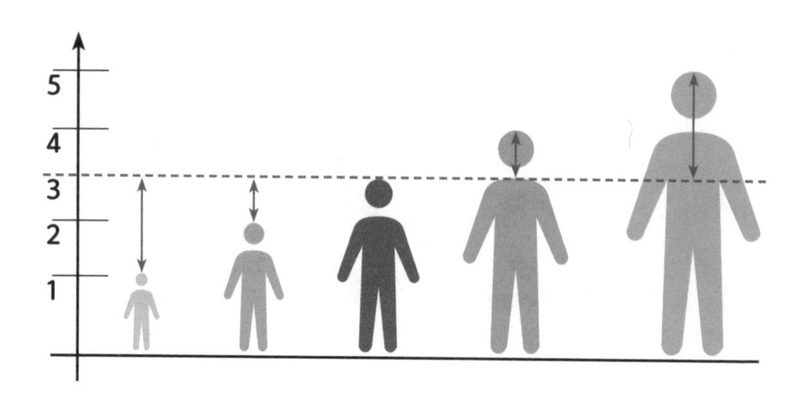

각 변량에서 평균을 뺀 값을 편차라고 한다.

일반적으로 한 자료의 편차의 총합은 항상 0이다.

(편차) = (변량) - (평균)

최대공약수

Greatest common divisor

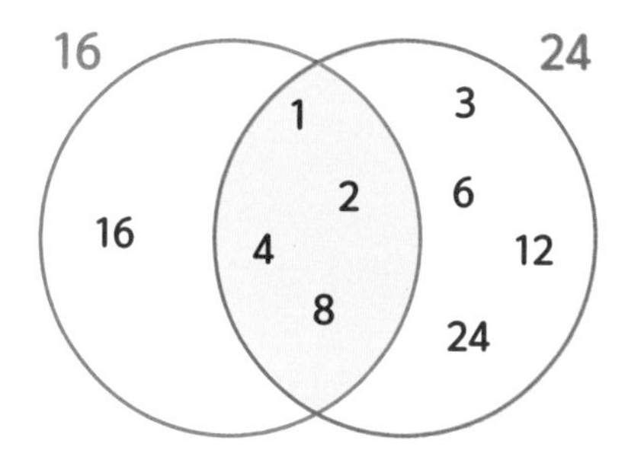

두 수 혹은 그 이상의 여러 수의 공통인 약수를 공약수라고 하고,

공약수 중에서 가장 큰 수를 최대공약수라고 한다.

16의 약수: 1, 2, 4, 8, 16

24의 약수: 1, 2, 3, 4, 6, 8, 12, 24

. 그러므로 16과 24의 공약수는 1, 2, 4, 8이고 최대공약수는 8이다.

February

산포도

Dispersion

23

자료가 얼마나 어떻게 퍼져 있는지를 나타내는 값을 산포도라고 한다.
자료가 대푯값 주위에 모여 있을수록 작고, 멀리 떨어져 있을수록 크다.

최대공약수 구하기

Finding the Greatest common divisor

방법 1

$$24=2^3\times 3$$

$$180=2^2\times 3^2\times 5$$

$$\text{최대공약수}=2^2\times 3=12$$

방법 2

$$\begin{array}{r|rr} 2 & 24 & 180 \\ \hline 2 & 12 & 90 \\ \hline 3 & 6 & 45 \\ \hline & 2 & 15 \end{array}$$

$$\text{최대공약수}=2\times 2\times 3=12$$

복습!
Brush up on!

22, 36, 28, 16, 28

평균

26

중앙값

28

최빈값

28

서로소

Coprime

최대공약수가 1인 두 정수를
서로소라고 한다.
어떤 수들이 서로소이면 1 말고는
공약수가 없다는 것을 뜻한다.

예) 15의 약수: 1, 3, 5, 15

28의 약수: 1, 2, 4, 7, 14, 28

공약수가 1뿐이므로 15와 28은 서로소이다.

최빈값의 성질

Progerties of Mode

① 각 자료의 값이 모두 다르다.

2, 7, 15, 21, 36

→ 최빈값이 존재하지 않는다.

② 서로 다른 값의 각각의 개수가 모두 같다.

3, 3, 5, 5, 8, 8, 9, 9

→ 최빈값이 존재하지 않는다.

③ 최빈값이 두 개 이상일 수도 있다.

7, 8, 9, 9, 10, 10, 11

→ 최빈값이 9와 10이다.

March

최소공배수

Least common multiple

10

두 수 혹은 그 이상의 여러 수의 공통인 배수를 공배수라고 하고, 공배수 중에서 가장 작은 수를 최소공배수라고 한다.

3의 배수 : 3, 6, 9, 12, 15, 18, 21, 24, 27, 30…

5의 배수 : 5, 10, 15, 20, 25, 30…

3과 5의 공배수는 15, 30…이고 최소공배수는 15이다.

February

최빈값

Mode

20

자료의 변량 중에서 가장 많이 나타난 값을 최빈값이라고 한다. 최빈값은 자료에 따라서 두 개 이상일 수도 있다.

March

최소공배수 구하기

Finding the Least common multiple

11

방법 1

$$42 = 2 \times 3 \times 7$$
$$90 = 2 \times 3^2 \times 5$$

$$\text{최소공배수} = 2 \times 3^2 \times 5 \times 7 = 630$$

방법 2

2)	42	90
3)	21	45
	7	15

$$\text{최소공배수} = 2 \times 3 \times 7 \times 15 = 630$$

중앙값

Median

자료의 변량을 작은 값부터 크기순으로 나열할 때, 자료의 한가운데 있는 값을 그 자료의 중앙값이라고 한다. 이때 자료의 개수가 홀수이면 중앙에 있는 값을 중앙값으로 하고, 짝수이면 중앙에 있는 값이 두 개이므로 이 두 값의 평균을 중앙값으로 한다.

예를 들어 변량이 8개이면

$$\frac{(\text{네 번째 변량})+(\text{다섯 번째 변량})}{2}$$

이다.

March

12

양수와 음수
Positive number & Negative number

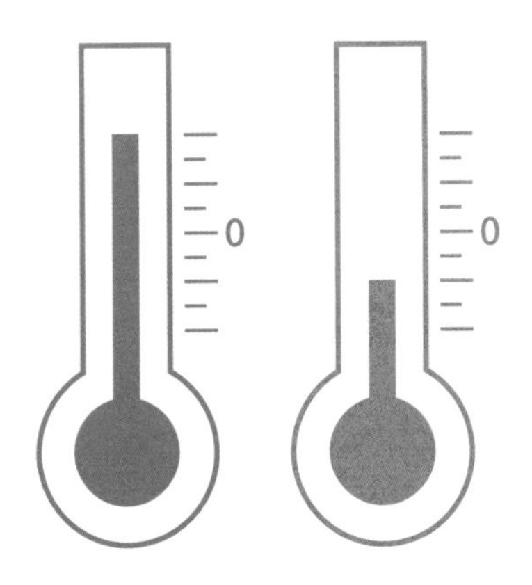

0보다 큰 수를 양수

0보다 작은 수를 음수라고 한다.

평균

Average

18

자료의 값을 모두 더해 자료의 개수로 나눈 값을 평균이라고 한다.

자료의 값 중 매우 크거나 매우 작은 변량이 있는 경우에는 영향을 많이 받기 때문에 자료 전체의 중심 경향을 잘 나타낼 수 없다.

정수

Integer

$$
\text{정수}\begin{cases}\text{양의 정수(자연수)}: +1, +2, +3, \cdots \\ 0 \\ \text{음의 정수}: -1, -2, -3, \cdots\end{cases}
$$

자연수에 부호를 붙인 수를 정수라고 한다. 이때 양의 부호 +를 붙인 수를 양의 정수, 음의 부호 −를 붙인 수를 음의 정수라고 한다. 0은 +0이나 −0이나 차이가 없으므로, 양의 정수도 음의 정수도 아니다.

February

대푯값

Representative value

17

일반적인 자료 전체의
중심 경향이나 특징을
대표할 수 있는 값을
그 자료의 대푯값이라고 한다.
평균, 중앙값, 최빈값 등이 있다.

March

14

유리수

Rational number

- 유리수
  - 정수
    - 양의 정수(자연수): +1, +2, +3, ⋯
    - 0
    - 음의 정수: -1, -2, -3, ⋯
  - 정수가 아닌 유리수: $-\frac{1}{2}$, -0.3, $+\frac{2}{3}$, +4.5, ⋯

분자, 분모가 모두 자연수인 분수에 부호를 붙인 수를 유리수라고 한다. 이때 양의 부호 +를 붙인 수를 양의 유리수, 음의 부호 −를 붙인 수를 음의 유리수라고 한다.

주사위 한 면과 그 반대편에 있는
숫자의 합은 모두
7이다.

March

15

수직선
Number line

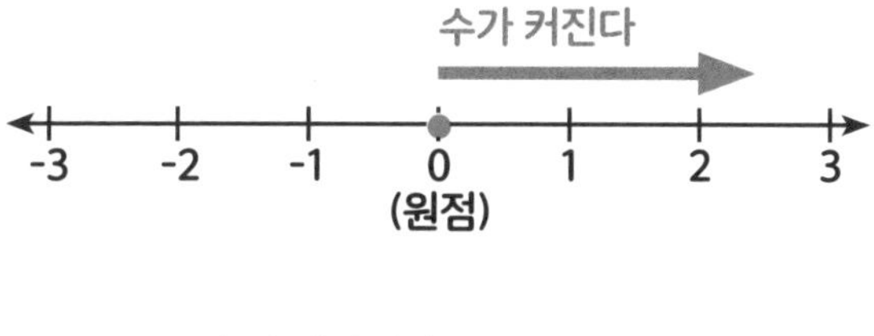

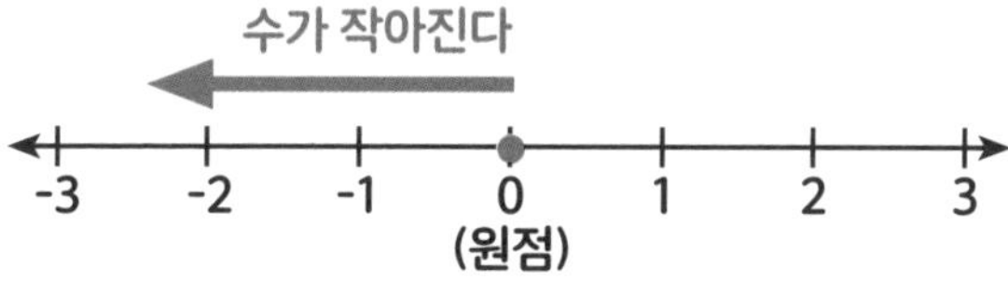

직선 위에 기준이 되는 점 O(원점)을 잡아 그 점에 수 0을 대응시키고, 점 O의 양쪽에 일정한 간격으로 점을 잡아 오른쪽에 양수를, 왼쪽에 음수를 차례로 대응시킨 것을 수직선이라고 한다.

직육면체의 대각선의 길이

Diagonals of a Rectangular Prism

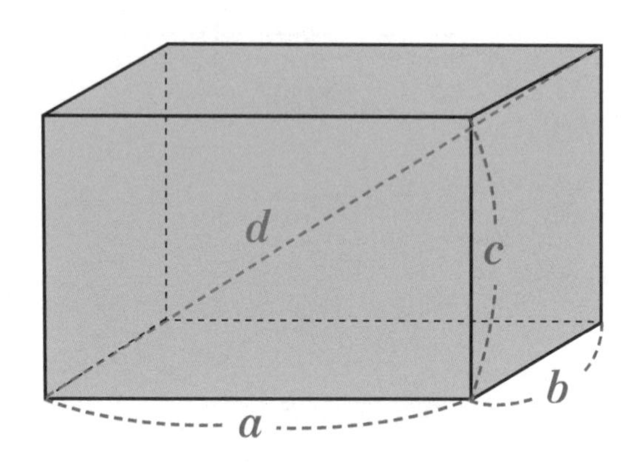

$$d=\sqrt{a^2+b^2+c^2}$$

16

절댓값

Absolute value

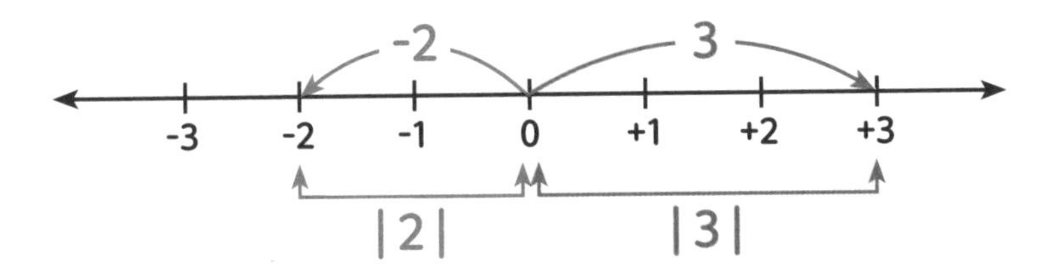

수직선 위에서 원점으로부터의 거리를

절댓값이라고 하고, 기호 | |로 나타낸다.

수 a의 절댓값 = 원점에서 a까지의 거리 = | a |

정사각뿔의 높이

Height of a Square Pyramid

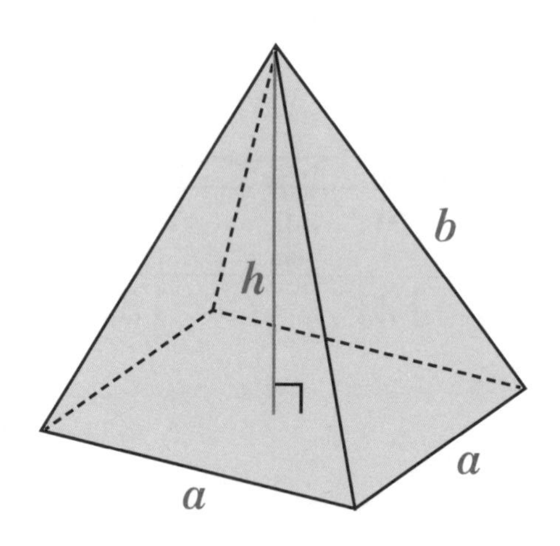

$$h=\sqrt{b^2-\frac{a^2}{2}}$$

March

17

수의 크기 비교

Comparing the Size of numbers

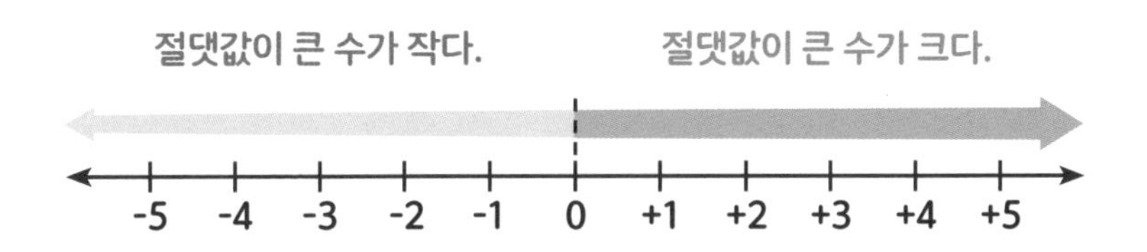

수들을 수직선 위에 표시하면 크기를 쉽게 비교할 수 있다.

정오각형의 대각선 길이

Diagonal Length of a Regular pentagon

13

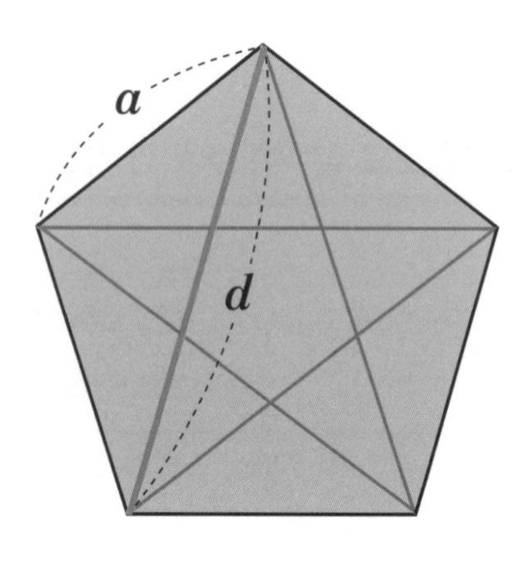

$$d = \frac{1+\sqrt{5}}{2}a$$

d 대각선의 길이, a 한 변의 길이

유리수의 덧셈 ①

Addition of Rational numbers ①

18

$1+2=3$

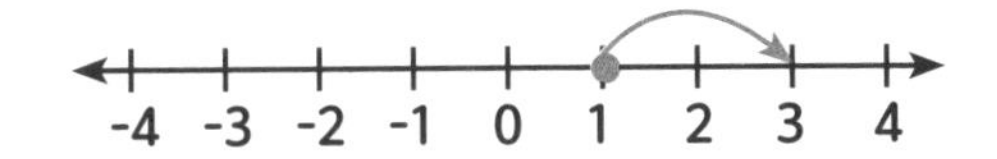

$(-1)+(-2)=-3$

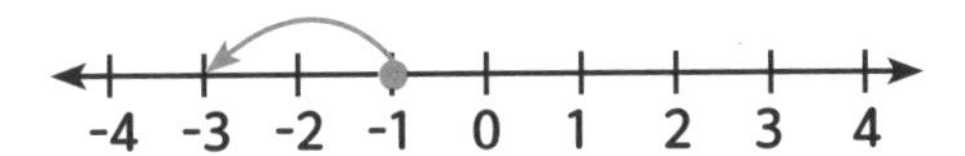

$1+(-2)=-1$

$(-1)+2=1$

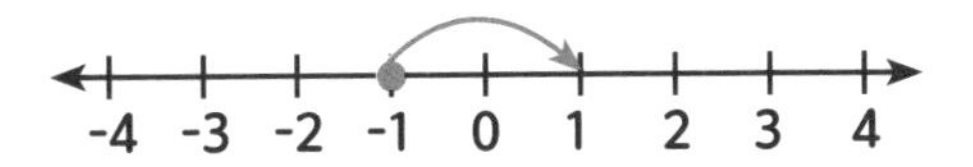

수직선 위에서 양수는 오른쪽으로, 음수는 왼쪽으로 이동시킨다.

정오각형의 넓이

Area of a Regular pentagon

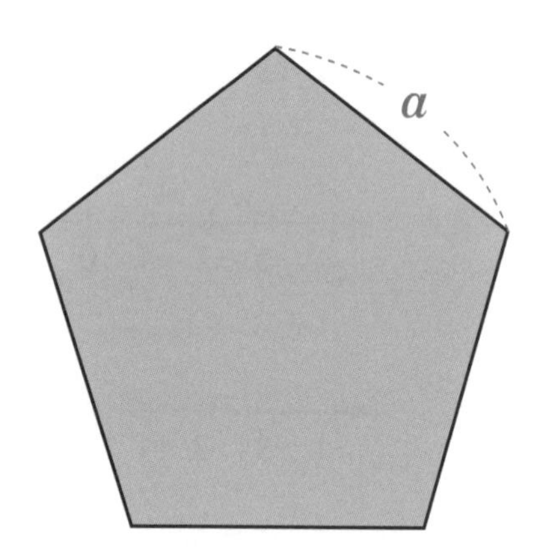

$$S=\frac{a^2}{4}\sqrt{25+10\sqrt{5}}$$

유리수의 덧셈 ②

Addition of Rational numbers ②

<table>
<tr>
<td rowspan="2">(+6)+(+3)=9
(-6)+(-3)=-9

(+6)+(-3)=+3
(-6)+(+3)=-3</td>
<td>양수 + 양수

그냥 더한다.</td>
<td>음수 + 음수

절댓값들을
더한 다음
음수로 만든다.</td>
</tr>
<tr>
<td colspan="2">양수 + 음수

큰 절댓값에서 작은 절댓값을
뺀 다음 절댓값이
큰 수의 부호를 붙인다.</td>
</tr>
</table>

사다리꼴의 넓이

Area of a Trapezoid

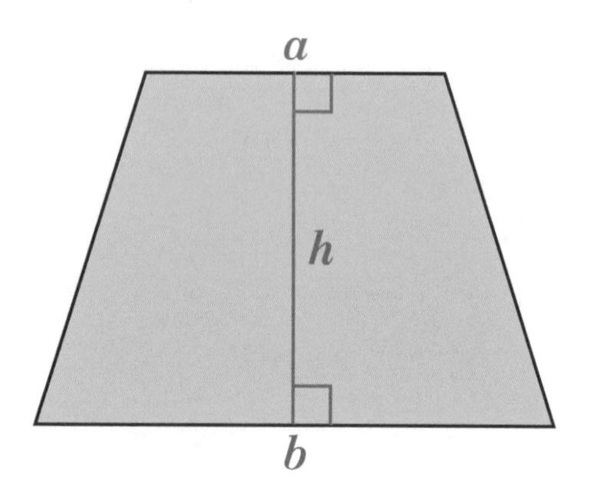

$$S=\frac{1}{2}(a+b)h$$

덧셈의 연산법칙

Addition operation rules

세 수 a, b, c에 대하여

· 덧셈의 교환법칙 ·

$$a+b=b+a$$

· 덧셈의 결합법칙 ·

$$(a+b)+c=a+(b+c)$$

직사각형의 대각선 길이

Diagonals of a Rectangle

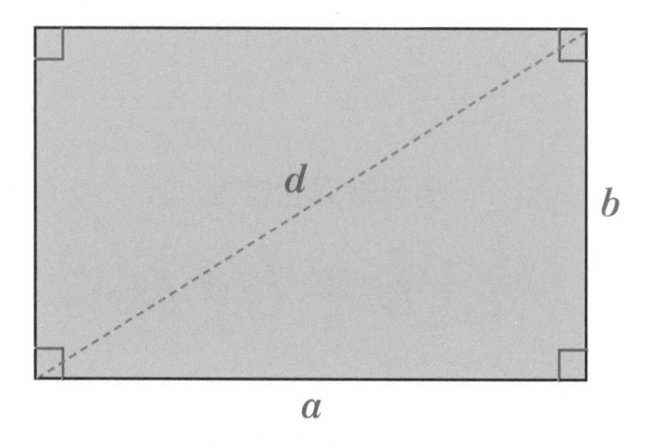

$$d=\sqrt{a^2+b^2}$$

유리수의 뺄셈

Subtraction of Rational numbers

덧셈으로 바꾼다

$$(+8)-(+3) = (+8)+(-3)$$

부호를 바꾼다

덧셈으로 바꾼다

$$(+3)-(-2) = (+3)+(+2)$$

부호를 바꾼다

뺄셈에 음수가 포함되어 있으면 덧셈으로 바꿔서 계산한다.

1. (−)를 (+)로 바꾼다.
2. (−) 바로 뒤의 수의 부호를 반대로 바꾼다.

원의 할선과 접선의 길이 사이의 관계

relation between secant and tangent in a circle

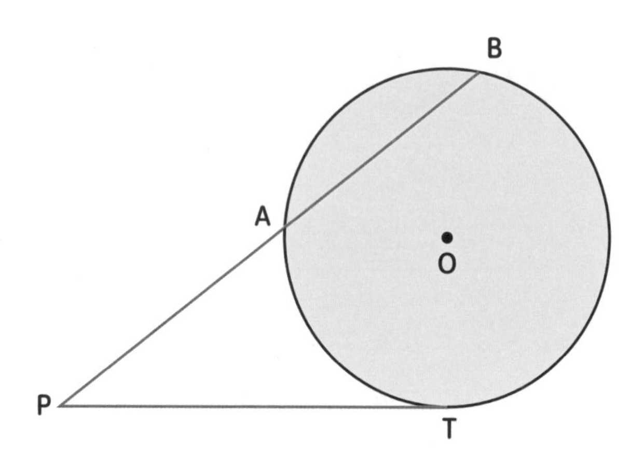

원 O 밖의 한 점 P에서 그 원에 그은 접선과 할선이 원과 만나는 점을 각각 T, A, B라고 할 때, $\overline{PT}^2=\overline{PA}\cdot\overline{PB}$이다.

유리수의 곱셈

Multiplication of Rational numbers

곱셈에 음수가 포함되어 있으면

먼저 음수의 개수로 부호를 정한다.

1. 음수의 개수가 홀수면

결과의 부호는 (-)가 된다.

2. 음수의 개수가 0 또는 짝수면

결과의 부호는 (+)가 된다.

예) $3\times5\times(-3)=-45$, $2\times(-2)\times(-5)=20$, $2\times3\times2=12$

음수 ⇒ 홀수 개 짝수 개 없음

접선과 현이 이루는 각

Angle between a chord and a tangent

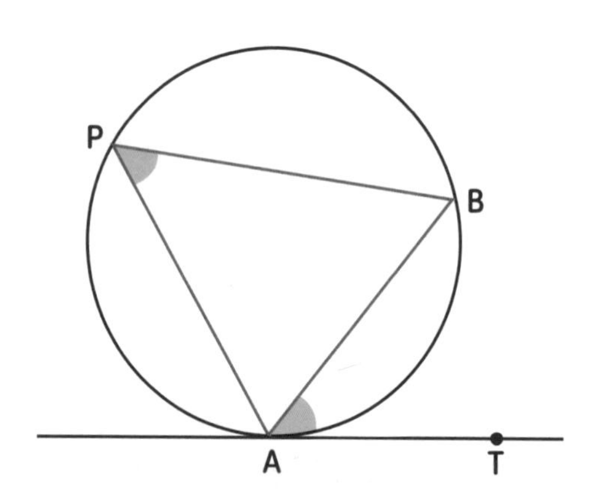

원의 접선과 그 접점을 지나는 현이 이루는 각의 크기는 그 각의 내부에 있는 호에 대한 원주각의 크기와 같다.

즉 $\angle BAT = \angle BPA$이다.

곱셈의 교환법칙

Commutative law of Multiplication

두 수 a, b에 대하여

$$a \times b = b \times a$$

원에 내접하는 사각형의 성질

Property of a quadrilateral inscribed in a circle

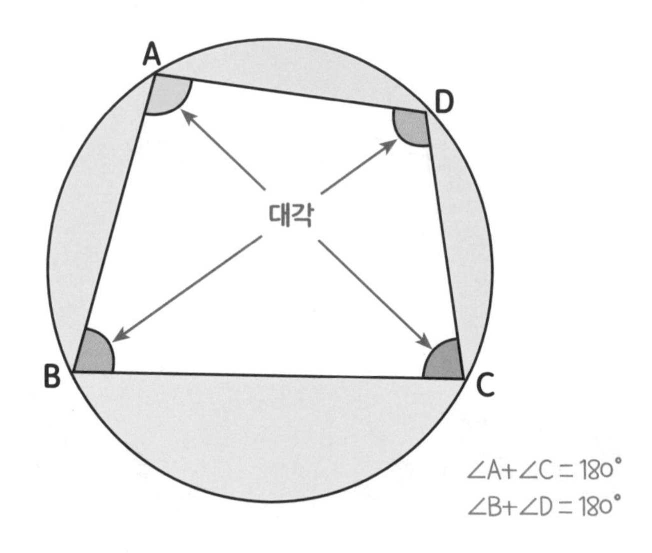

원에 내접하는 사각형에서

마주 보는 두 각의 크기의 합은 180°이다.

March

곱셈의 결합법칙

Associative law of Multiplication

24

세 수 a, b, c에 대하여

$$(a \times b) \times c = a \times (b \times c)$$

네 점이 한 원 위에 있을 조건 ②

Condition for Four points to lie on the same circle ②

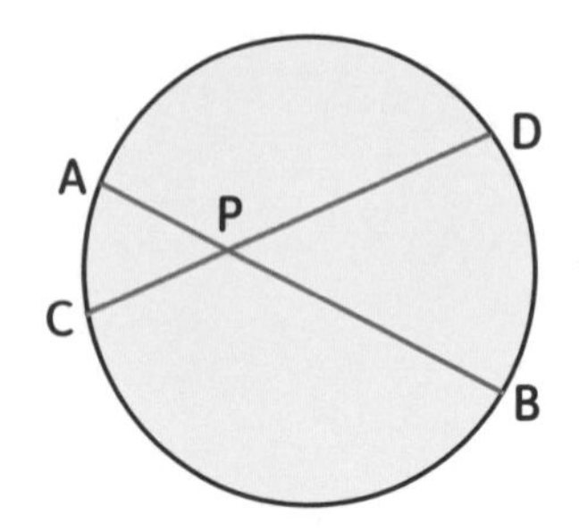

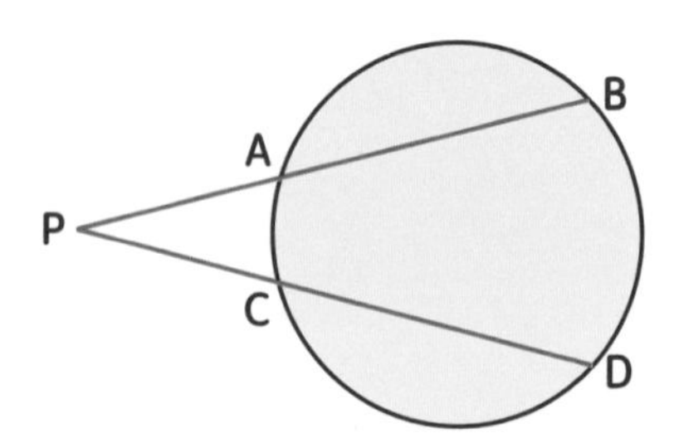

두 선분 AB, CD 또는 그 연장선의 교점을 P라고 할 때

$\overline{PA} \cdot \overline{PB} = \overline{PC} \cdot \overline{PD}$이면 네 점 A, B, C, D는 한 원 위에 있다.

March

Distributive law

25

세 수 a, b, c에 대하여

$$a(b+c)=ab+ac$$

네 점이 한 원 위에 있을 조건 ①

Condition for Four points to lie on the same circle ①

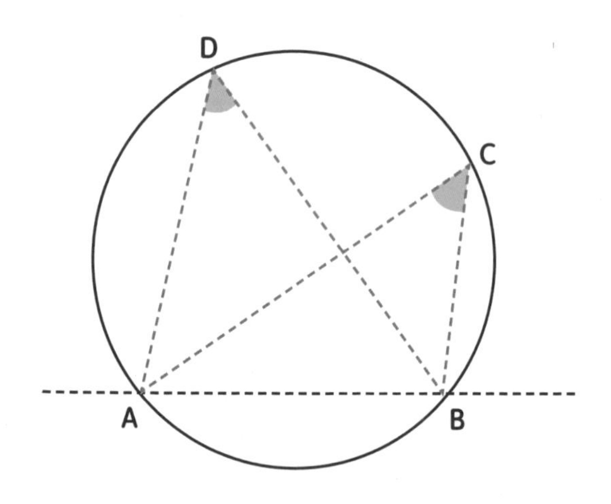

네 점 A, B, C, D가 모두 한 원 위에 있으려면

점 C와 D가 모두 직선 $\overline{AB}$에 대하여 같은 쪽에 있고

$\angle ACB = \angle ADB$여야 한다.

복습!

Brush up on!

두 수 a, b에 대하여

· 곱셈의 교환법칙 ·

$$a \times b = b \times a$$

세 수 a, b, c에 대하여

· 곱셈의 결합법칙 ·

$$(a \times b) \times c = a \times (b \times c)$$

· 분배법칙 ·

$$a(b+c) = ab+ac$$

원주각과 호

Inscribed angle and arc

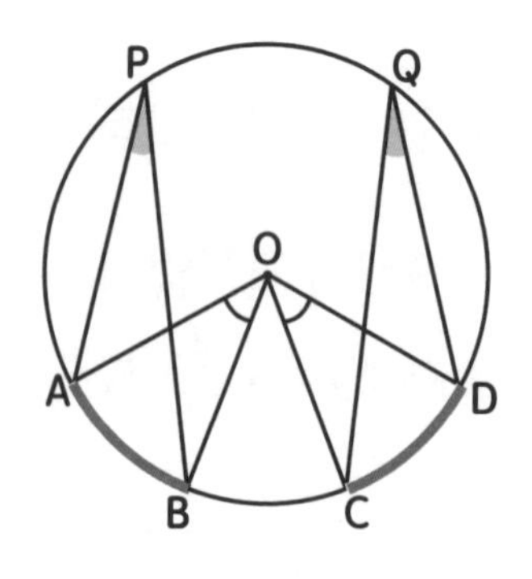

한 원 또는 합동인 두 원에서

1. 길이가 같은 호에 대한 원주각의 크기는 모두 같다.

$\overset{\frown}{AB}=\overset{\frown}{CD} \rightarrow \angle APB=\angle CQD$

2. 크기가 같은 원주각에 대한 호의 길이는 모두 같다.

$\angle APB=\angle CQD \rightarrow \overset{\frown}{AB}=\overset{\frown}{CD}$

유리수의 나눗셈

Division of Rational numbers

나눗셈에 음수가 포함되어 있으면
먼저 음수의 개수로 부호를 정한다.

1. 음수의 개수가 홀수면
결과의 부호는 (-)가 된다.

2. 음수의 개수가 0 또는 짝수면
결과의 부호는 (+)가 된다.

예) $16\div4\div(-2)=-2$, $16\div(-4)\div(-2)=2$, $12\div4\times2=6$

음수 ⇒ 홀수 개, 짝수 개, 없음

원주각과 중심각

Inscribed angle and Central angle

3

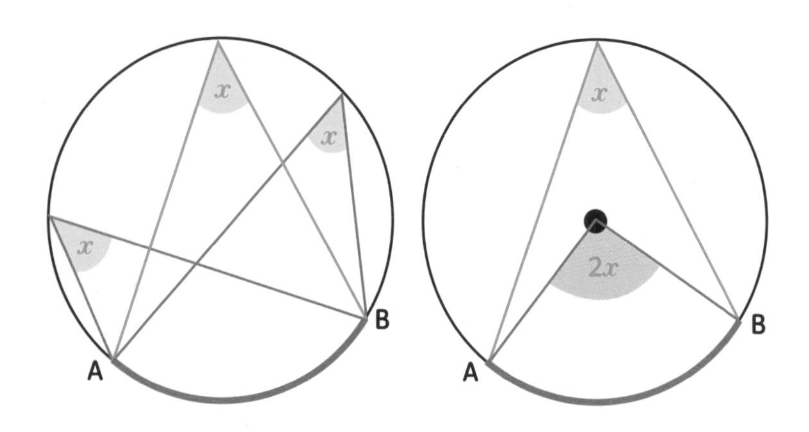

원에서 한 호에 대한 원주각의 크기는 모두 같다.

원에서 한 호에 대한 원주각의 크기는

중심각의 크기의 2분의 1이다.

역수

Reciprocal

두 수의 곱이 1이 될 때
한 수를 다른 수의 역수라고 한다.

예)

$\frac{3}{5} \times \frac{5}{3}=1$이므로 $\frac{3}{5}$의 역수는 $\frac{5}{3}$다.

원주각

Inscribed angle

2

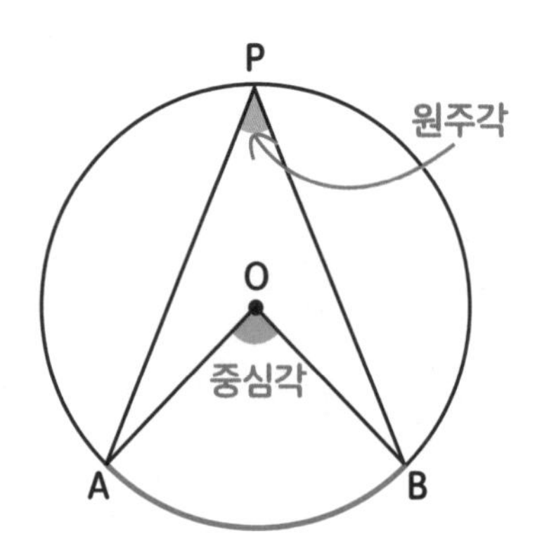

원 O에서 $\widehat{AB}$ 위에 있지 않은 점 P에 대하여 ∠APB를 $\widehat{AB}$에 대한 원주각이라 하고, $\widehat{AB}$를 원주각 ∠APB에 대한 호라고 한다.

$\widehat{AB}$에 대한 중심각 ∠AOB는 하나로 정해지지만
원주각 ∠APB는 점 P의 위치에 따라 무수히 많다.

0의 역수

Reciprocal of Zero

0 × 어떤 수 = 0이기 때문에

0은 역수가 없다.

0 × 어떤 수 ≠ 1

February

원의 외접사각형
Cyclic quadrilateral

1

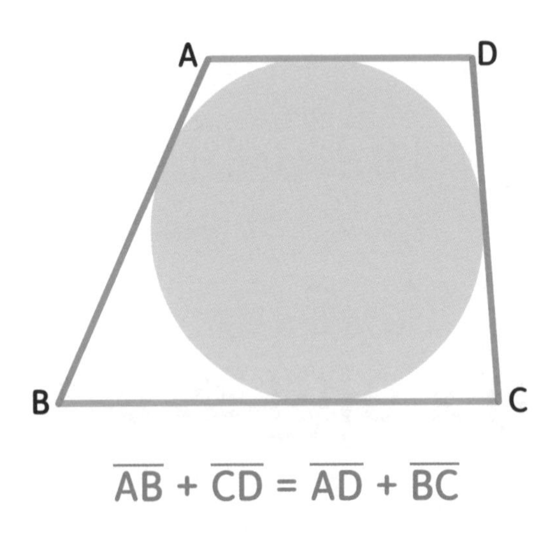

$$\overline{AB} + \overline{CD} = \overline{AD} + \overline{BC}$$

원의 외접사각형은 두 대변의 길이의 합이 서로 같다.

나눗셈을 곱셈으로 바꿔 계산하기

Changing Division to Multiplication

어떤 수로 나누는 것은
그 수의 역수로
곱한다는 것과 같다.

$$8 \div 4 = 8 \times \frac{1}{4}$$

· 2월에 배울 수학 개념 ·

원의 외접사각형
원주각
원주각과 중심각
원주각과 호
네 점이 한 원 위에 있을 조건 ①
네 점이 한 원 위에 있을 조건 ②
원에 내접하는 사각형의 성질
접선과 현이 이루는 각
원의 할선과 접선의 길이 사이의 관계
직사각형의 대각선 길이
사다리꼴의 넓이
정오각형의 넓이
정오각형의 대각선 길이
정사각뿔의 높이
직육면체의 대각선의 길이

소소한 수학*
대푯값
평균
중앙값
최빈값
최빈값의 성질
복습!*
산포도
편차
분산과 표준편차
산점도
상관관계
강한 상관관계와 약한 상관관계

March

31

복습!

Brush up on!

· 곱셈과 나눗셈의 부호 ·

$(+) \times (+)$, $(-) \times (-)$ → $(+)$

$(+) \div (+)$, $(-) \div (-)$ → $(+)$

$(+) \times (-)$, $(-) \times (+)$ → $(-)$

$(+) \div (-)$, $(-) \div (+)$ → $(-)$

2

February

(상금 대신 우렁찬 박수를…)

4

April

원의 접선의 길이

Length of Tangent on a Circle

31

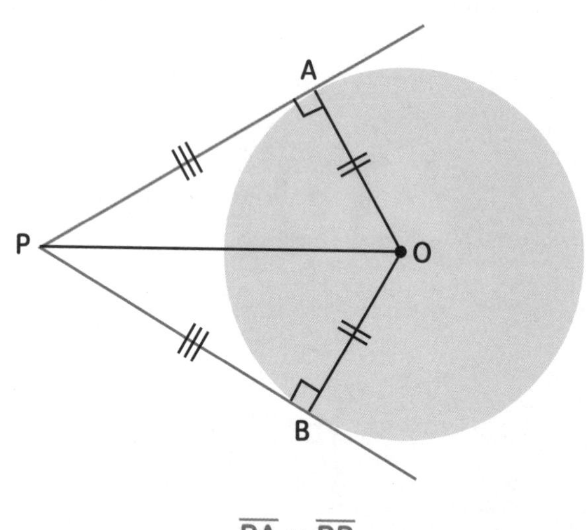

$$\overline{PA} = \overline{PB}$$

원 밖의 한 점에서 그 원에 그은 두 접선의 길이는 같다.

· 4월에 배울 수학 개념 ·

사칙 연산의 순서
곱셈 기호의 생략
나눗셈 기호의 생략
소소한 수학*
대입
항
상수항과 계수
단항식과 다항식
차수
동류항
일차식과 수의 곱셈, 나눗셈
미지수
등식
등식의 성질
방정식
방정식의 해
항등식
이항
일차방정식
일차방정식의 풀이
소소한 수학*
좌표
순서쌍
좌표평면 ①
좌표평면 ②
좌표평면 ③
좌표평면 ④
정비례와 반비례
정비례 관계의 그래프
반비례 관계의 그래프

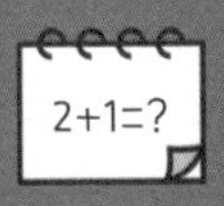

현의 길이

Length of chord

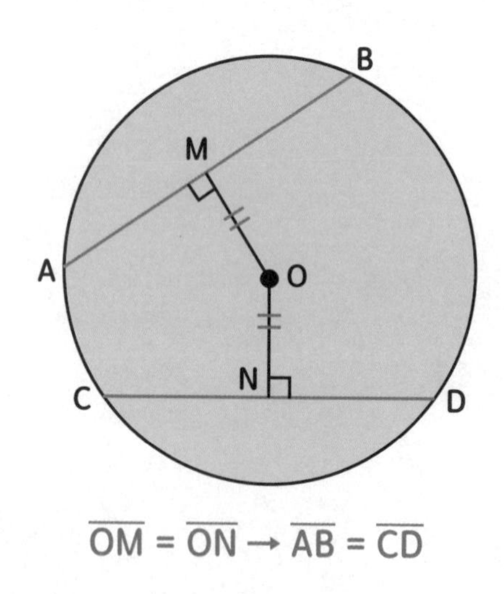

$\overline{OM} = \overline{ON} \rightarrow \overline{AB} = \overline{CD}$

1. 한 원에서 중심으로부터 같은 거리에 있는 두 현의 길이는 같다.
2. 한 원에서 길이가 같은 두 현은 원의 중심으로부터 같은 거리에 있다.

April

사칙 연산의 순서

Rules of the Four arithmetic operations

1

덧셈, 뺄셈, 곱셈, 나눗셈 등 여러 연산이 섞여 있을 때는 다음의 순서로 계산한다.

① 거듭제곱

② 괄호 (소괄호) → {중괄호} → [대괄호]

③ 곱셈과 나눗셈

④ 덧셈과 뺄셈

현의 수직이등분선
Perpendicular bisector of a Chord

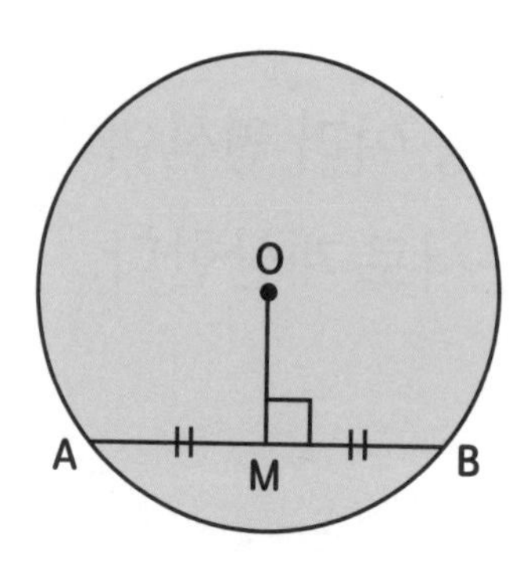

원에서 현의 수직이등분은
그 원의 중심을 지난다.

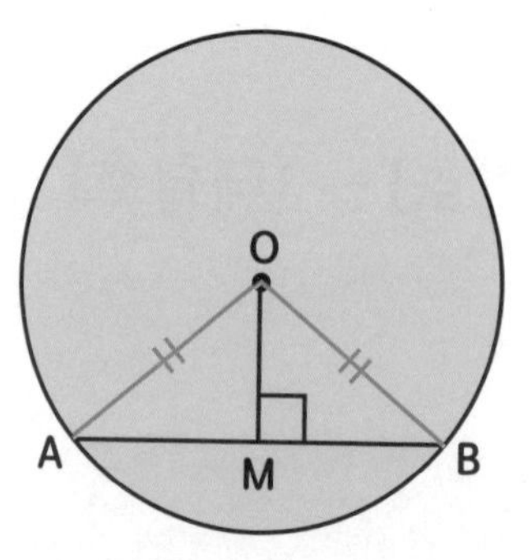

원의 중심에서 현에 내린 수선은
그 현을 수직이등분한다.

곱셈 기호의 생략

Omission of Multiplication sign

1. 수와 문자, 문자와 문자의 곱에서는 기호 ×를 생략한다.

$$3 \times a = 3a,\ a \times b = ab$$

2. 수와 문자의 곱에서는 수를 문자 앞에 쓰고 1 또는 -1과 문자의 곱에서는 1을 생략한다.

$$a \times 2 = 2a,\ a \times 1 = a,\ a \times (-1) = -a$$

3. 문자와 문자의 곱에서는 보통 알파벳 순서대로 쓰고 같은 문자의 곱은 거듭제곱의 꼴로 나타낸다.

$$b \times a = ab,\ a \times a = a^2$$

정삼각형의 높이

Height of a Equilateral triangle

28

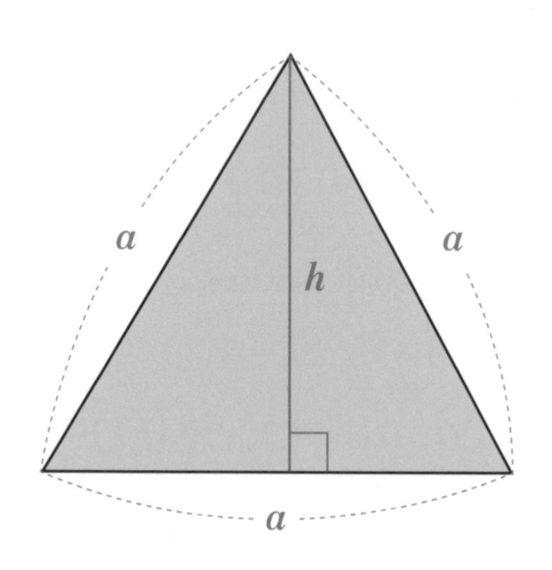

$$h=\frac{\sqrt{3}}{2}a$$

나눗셈 기호의 생략

Omission of Division sign

3

나눗셈 기호 ÷를 생략하고
분수의 꼴로 나타낸다.

$$a \div b = \frac{a}{b} \, (b \neq 0)$$

복습!

Brush up on!

27

삼각형의 넓이

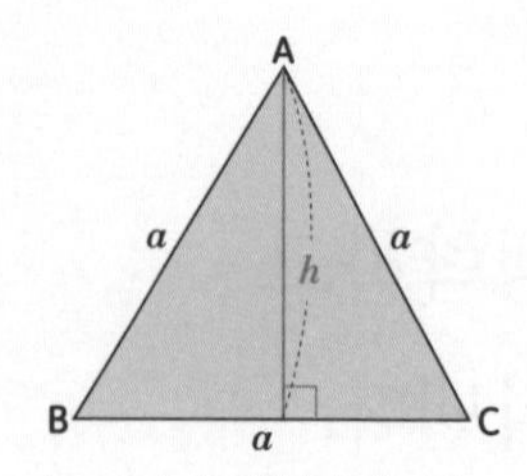

$$S=\frac{1}{2}ah$$

예각삼각형	둔각삼각형
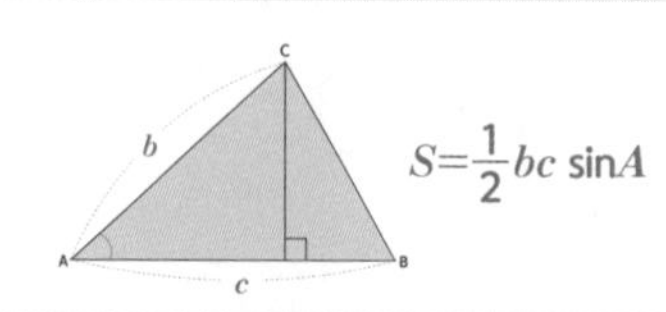	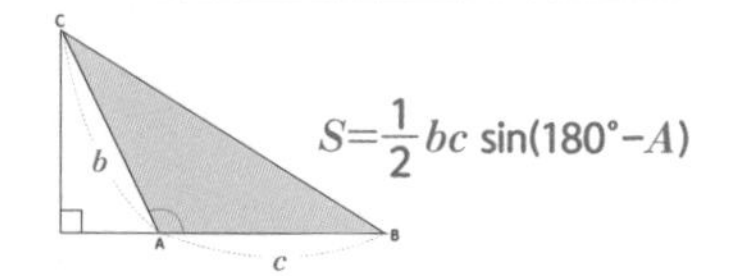
정삼각형	이등변 삼각형
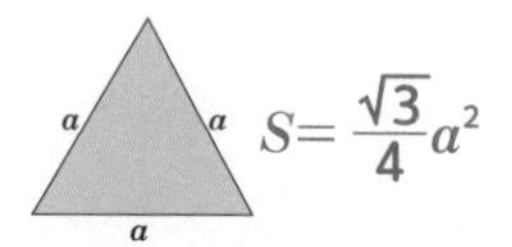	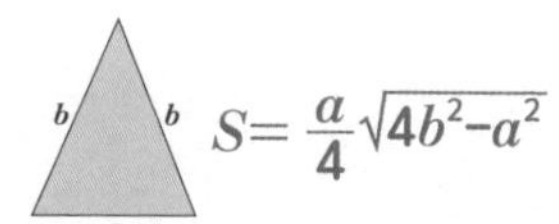

예각삼각형: $S=\frac{1}{2}bc\ \sin A$

둔각삼각형: $S=\frac{1}{2}bc\ \sin(180°-A)$

정삼각형: $S=\frac{\sqrt{3}}{4}a^2$

이등변 삼각형: $S=\frac{a}{4}\sqrt{4b^2-a^2}$

소소한 수학

$$9 \times 9 + 7 = 88$$

$$98 \times 9 + 6 = 888$$

$$987 \times 9 + 5 = 8888$$

$$9876 \times 9 + 4 = 88888$$

$$98765 \times 9 + 3 = 888888$$

....

이등변삼각형의 넓이

Area of a Equilateral Triangle

26

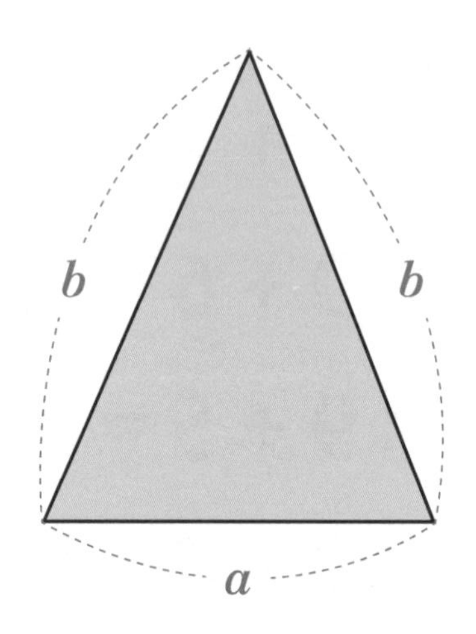

$$S=\frac{a}{4}\sqrt{4b^2-a^2}$$

대입

Substitution

5

$$0.3x$$

x 대신 4를 대입

$$\Rightarrow 0.3 \times 4$$

$$= 1.2$$

문자를 사용한 식에서 문자의 어떤 수를

바꾸어 넣는 것을 대입이라 하고,

대입하여 계산한 결과를 그 식의 값이라고 한다.

정삼각형의 넓이

Area of a Equilateral Triangle

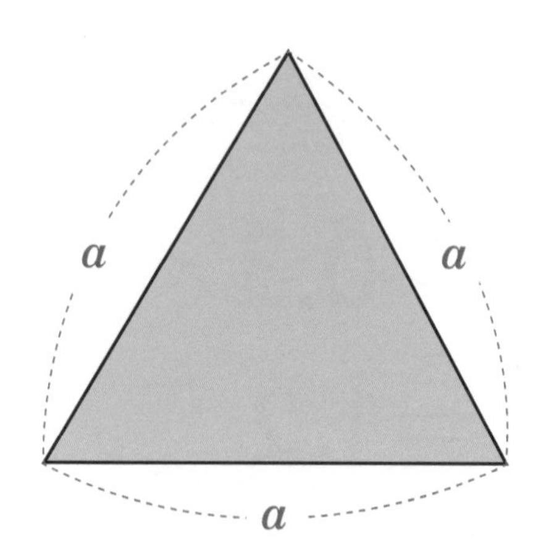

$$S=\frac{\sqrt{3}}{4}a^2$$

항

Term

6

$$5x - 4y - 4$$

항 항 항

수식에서 수 또는 문자의 곱으로만 연결된 부분을 항이라고 한다.

둔각삼각형의 넓이

Area of a Obtuse triangle

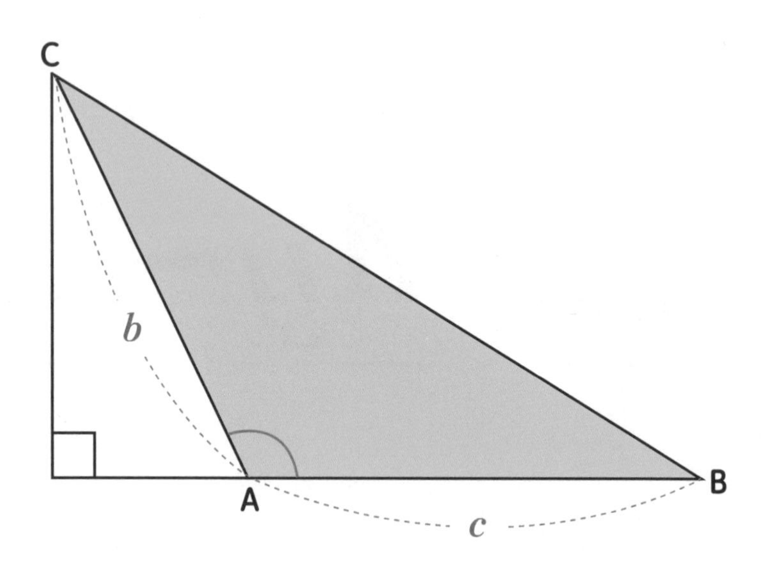

$$S=\frac{1}{2}bc\sin(180°-A)$$

상수항과 계수

Constant term and Coefficient

수식에서 수만으로 이루어진 항을 상수항이라고 하고,

문자에 곱한 수를 그 문자의 계수라고 한다.

January

23

예각삼각형의 넓이

Area of a Acute triangle

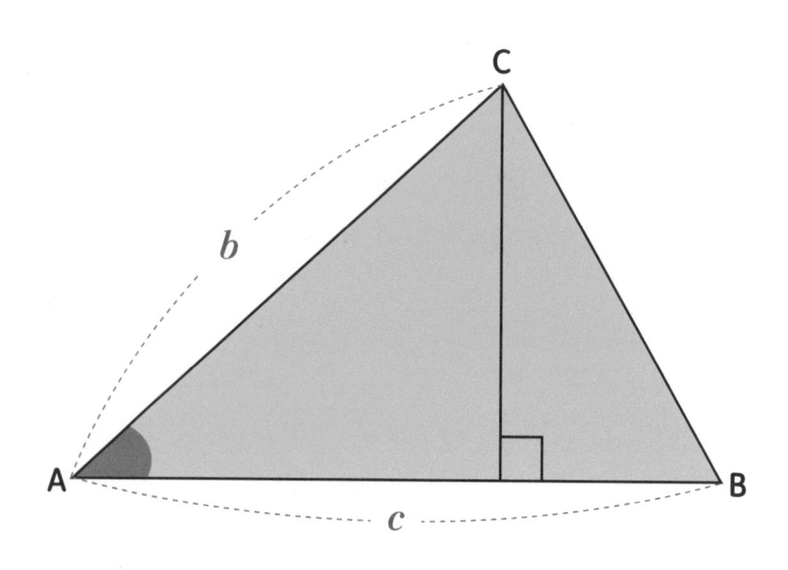

$$S=\frac{1}{2}bc\sin A$$

단항식과 다항식

Monomial and Polynomial

8

단항식 $5x$

다항식 $\underbrace{7y}_{\text{항}}+\underbrace{6}_{\text{항}}$

항이 한 개뿐인 수식을 단항식이라고 하고,

항이 두 개 이상인 수식을 다항식이라고 한다.

0°, 90°의 삼각비

Trigonometric ratios for 0 and 90 degree angles

0도

$\sin 0° = 0$
$\cos 0° = 1$
$\tan 0° = 0$

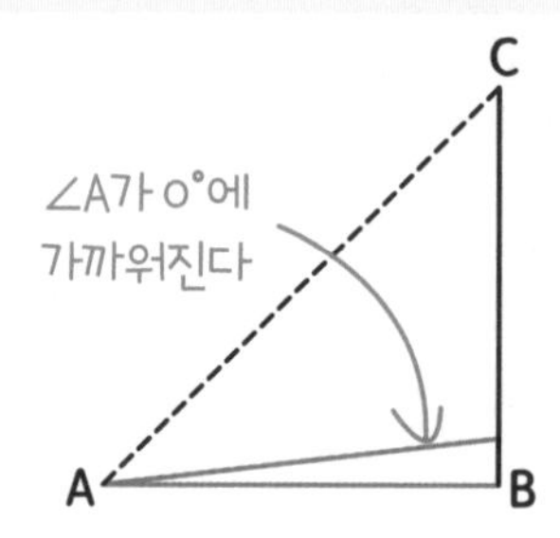

90도

$\sin 90° = 1$
$\cos 90° = 0$
$\tan 90°$ = 정할 수 없다.

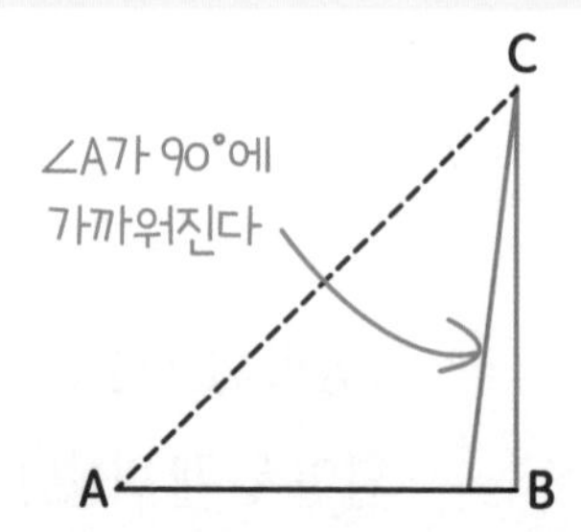

차수

Exponent

9

$$4x^3-2x^2+3x-1$$

문자가 포함된 항에서 문자가 곱해진 개수를

그 문자에 대한 차수라고 한다. 이때 차수가 가장 높은

항의 차수가 1인 다항식을 일차식이라고 한다.

30°, 45°, 60°의 삼각비

Trigonometric ratios for 30, 45, and 60 degree angles

21

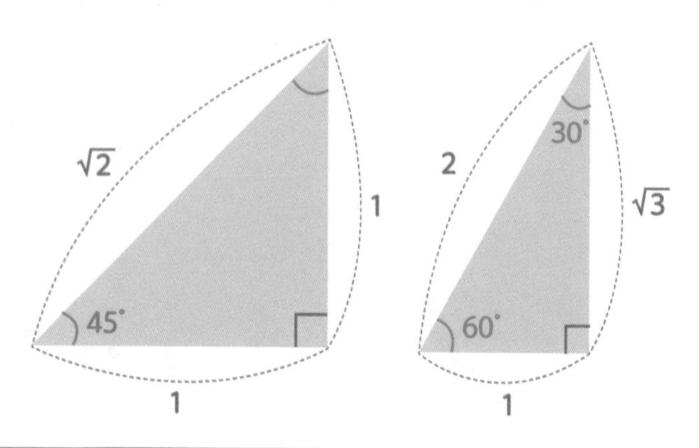

A	30°	45°	60°
$\sin A$	$\frac{1}{2}$	$\frac{\sqrt{2}}{2}(=\frac{1}{\sqrt{2}})$	$\frac{\sqrt{3}}{2}$
$\cos A$	$\frac{\sqrt{3}}{2}$	$\frac{\sqrt{2}}{2}(=\frac{1}{\sqrt{2}})$	$\frac{1}{2}$
$\tan A$	$\frac{\sqrt{3}}{3}(=\frac{1}{\sqrt{3}})$	1	$\sqrt{3}$

April

동류항

Like terms

10

동류항

$$3x+2a-7x+5a+7$$

동류항

수식에서 문자와 차수가 모두 같은 항을 동류항이라고 한다.

삼각비

Trigonometric ratio

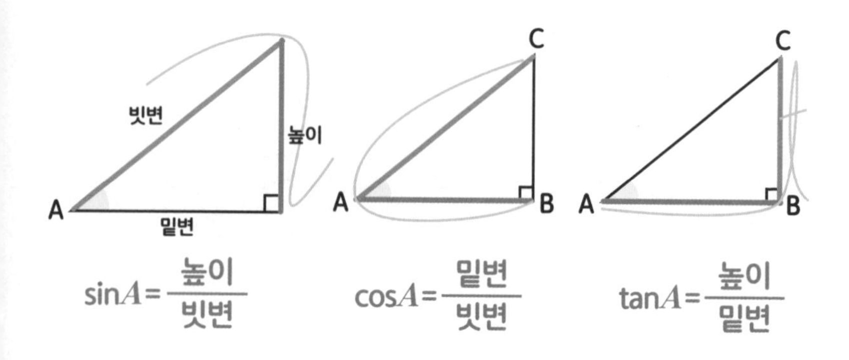

$\sin A = \frac{높이}{빗변}$ $\cos A = \frac{밑변}{빗변}$ $\tan A = \frac{높이}{밑변}$

직각삼각형에서 두 변의 길이의 비를

각각 사인, 코사인, 탄젠트라고 한다.

일차식과 수의 곱셈, 나눗셈 11

Multiplying and dividing Linear equations by Numbers

$$(3x-2)\times 3 = 3x\times 3 - 2\times 3$$
$$= 9x - 6$$

$$(3x-2)\div 3 = (3x-2)\times \frac{1}{3}$$

← 역수를 곱한다

$$= 3x\times \frac{1}{3} - 2\times \frac{1}{3}$$
$$= x - \frac{2}{3}$$

일차식과 수의 곱셈이나 나눗셈은 분배법칙을 이용한다.

January

이차함수의 최댓값과 최솟값 Maximum value and minimum value in a quadratic function

19

함수의 함숫값 중 가장 큰 값을 그 함수의 최댓값이라고 하고, 가장 작은 값을 그 함수의 최솟값이라고 한다.

이차함수 $y=ax^2+bx+c$를 $y=a(x-p)^2+q$로 고쳤을 때,

$a>0$이면
$x=p$에서 최솟값은
q이고 최댓값은 없다.

$a<0$이면
$x=p$에서 최댓값은
q이고 최솟값은 없다.

y
p
O
x
최솟값 q

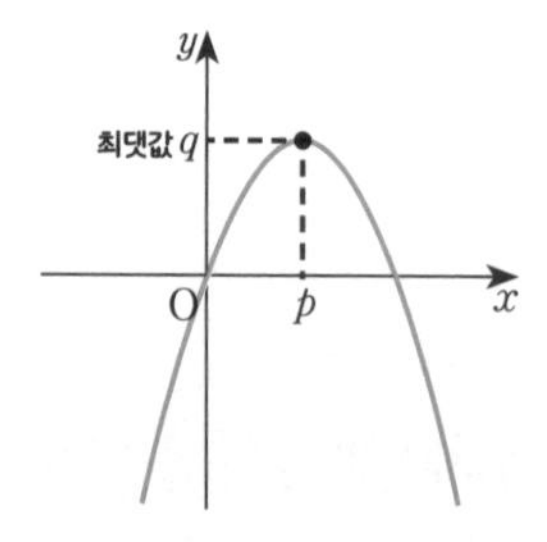

미지수

Unknown

12

$$3x+2=4x-1$$

미지수

아직 정해져 있지 않아서 모르는 수를 미지수라고 한다.

주로 알파벳 소문자 x로 나타낸다.

January

이차함수의 그래프에서 계수의 부호 Sign of coefficients in Graphs of quadratic functions

18

이차함수 $y=ax^2+bx+c$에서

① a의 부호
→ 그래프의 모양

$a>0$ $a<0$

② b의 부호
→ 축의 위치

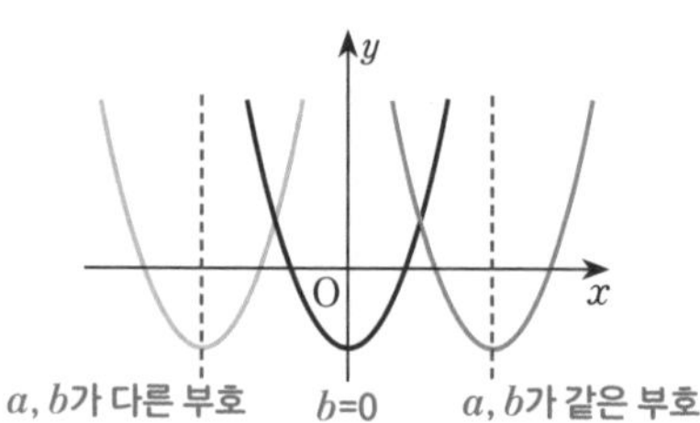

③ c의 부호
→ y축과의 교점

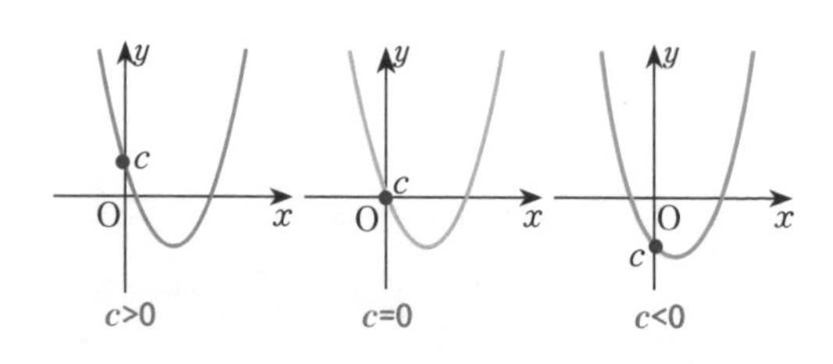

April

등식
Equality

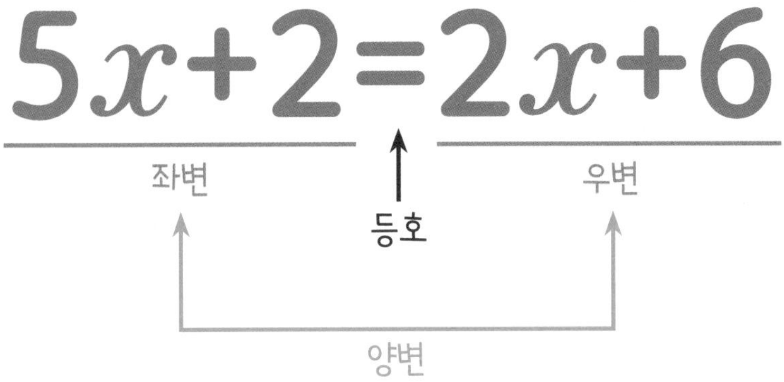

13

$$5x+2=2x+6$$

좌변

등호

우변

양변

등호(=)를 써서 양쪽의 수나 식이 서로 같음을 나타낸 식을 등식이라고 한다.

January

17

소소한 수학

$$2^5 \times 9^2 = ?$$

답: 2592

14

등식의 성질

Properties of Equality

같은 수를 더해도 성립

① $a=b$이면 $a+c=b+c$

같은 수를 빼도 성립

② $a=b$이면 $a-c=b-c$

같은 수를 곱해도 성립

③ $a=b$이면 $ac=bc$

④ $a=b$이면 $\frac{a}{c}=\frac{b}{c}$(단, $c\neq0$)

같은 수로 나눠도 성립

복습!

Brush up on!

~ 이차함수의 그래프 ~

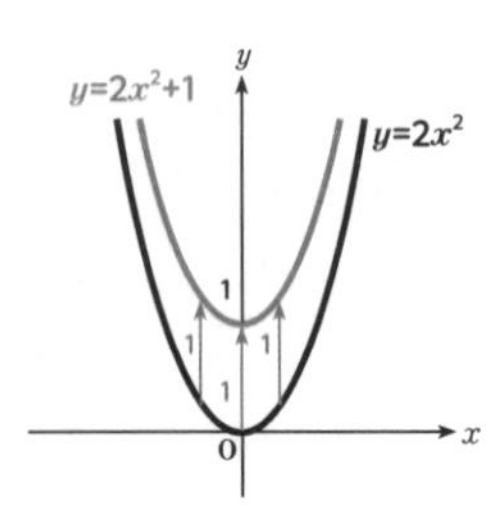

① $y=ax^2+q$

→ 축의 방정식: $x=0$, 꼭짓점의 좌표: (0, 1)

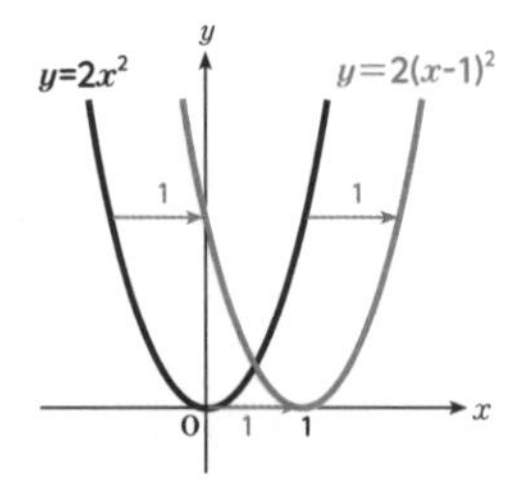

② $y=a(x-p)^2$

→ 축의 방정식: $x=1$, 꼭짓점의 좌표: (1, 0)

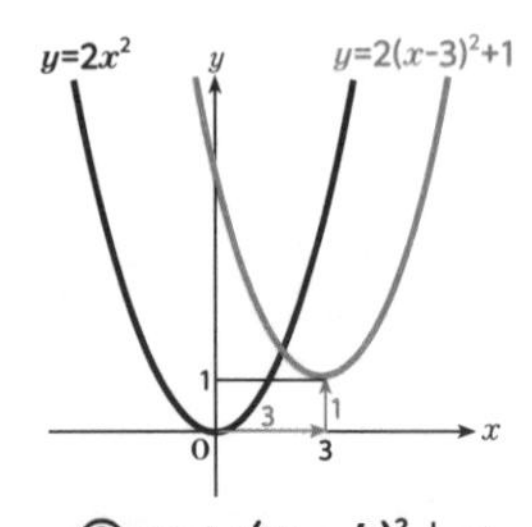

③ $y=a(x-p)^2+q$

→ 축의 방정식: $x=3$, 꼭짓점의 좌표: (3, 1)

④ $y=ax^2+bx+c$

→ 이차함수 $y=ax^2+bx+c$의 그래프는 $y=a(x-p)^2+q$의 꼴로 바꾸어 그릴 수 있다.

방정식
Equation

$$3x+2=5$$

미지수 (x), 등식 (=)

미지수가 들어 있는 등식을 방정식이라고 한다.

이차함수 $y=ax^2+bx+c$의 그래프

Graph of Quadratic equation $y=ax^2+bx+c$

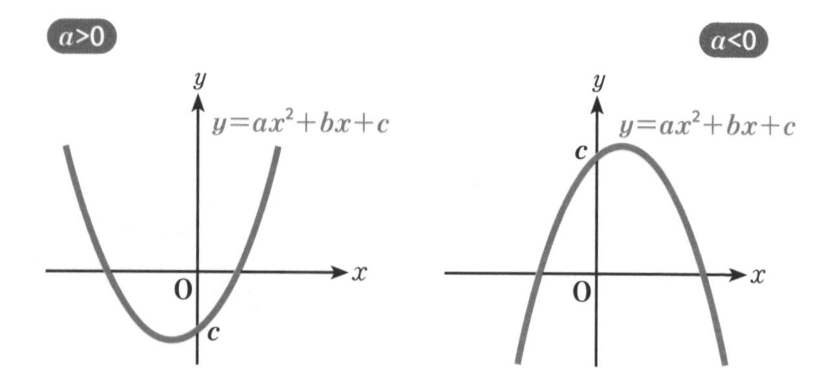

1. y축과의 교점의 좌표는 $(0, c)$이다.
2. $a>0$이면 아래로 볼록하고, $a<0$이면 위로 볼록하다.

April

방정식의 해

Roots of equation

16

방정식을 참이 되게 하는 미지수를

그 방정식의 해 또는 근이라고 한다.

$$3x-2=7$$

위 식은 x가 3일 때 참이다.

따라서 이 방정식의 해는 3이다.

January

이차함수 $y=a(x-p)^2+q$의 그래프

Graph of Quadratic equation $y=a(x-p)^2+q$

14

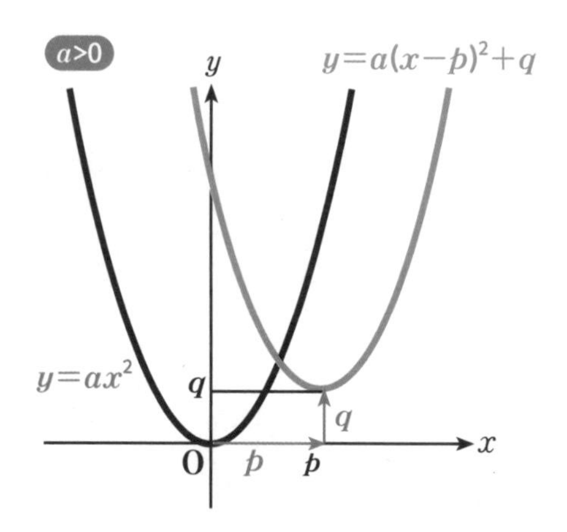

$y=ax^2$의 그래프 ←·→ $y=a(x-p)^2$의 그래프 ↑·↓ $y=a(x-p)^2+q$의 그래프

x축 방향으로 p만큼 평행이동 / y축 방향으로 q만큼 평행이동

1. x축 방향으로 p만큼, y축 방향으로 q만큼 평행이동한 것이다.
2. 직선 $x=p$를 축으로 하고, 점 p, q를 꼭짓점으로 하는 포물선이다.

항등식
Identity

17

$$x+7=7+x$$

x에 어떤 값을 대입해도 항상 식이 성립한다

모든 미지수 값에 대하여

항상 참이 되는 등식을 항등식이라고 한다.

이차함수 $y=a(x-p)^2$의 그래프

Graph of Quadratic equation $y=a(x-p)^2$

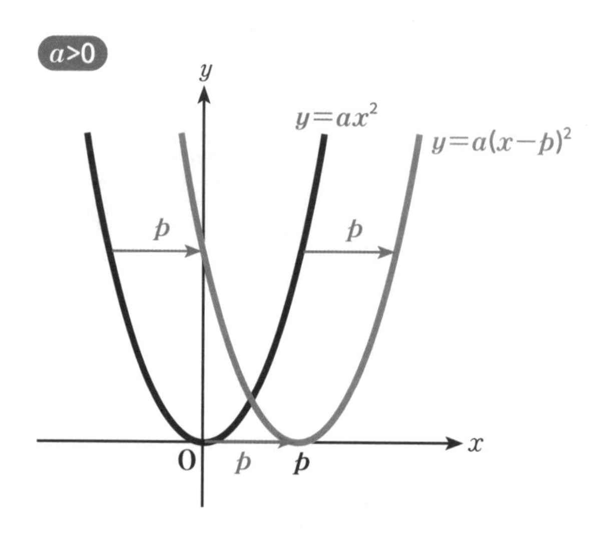

1. x축 방향으로 p만큼 평행이동한 것이다.

2. 직선 $x=p$를 축으로 하고, 점 0, q를 꼭짓점으로 하는 포물선이다.

이항

Transposition

등식 또는 부등식의 한 변에 있는 항을
그 항의 부호를 바꿔 다른 변으로
옮기는 것을 이항이라고 한다.

$$2x+3=-5x+7$$

$$\Rightarrow 2x+5x=7-3$$

January

이차함수 $y=ax^2+q$의 그래프

Graph of Quadratic equation $y=ax^2+q$

12

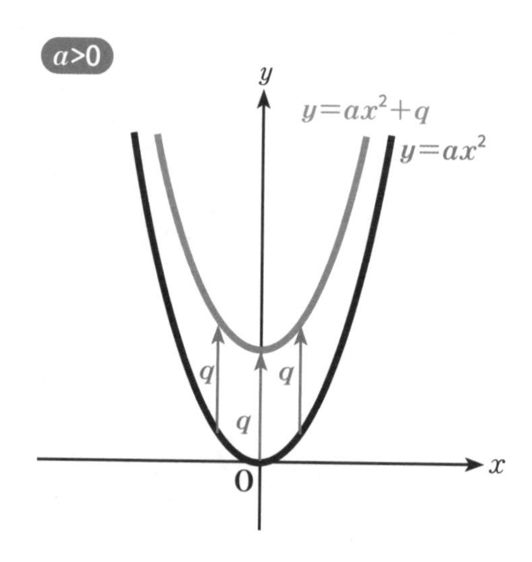

1. y축 방향으로 q만큼 평행이동한 것이다.
2. y축을 축으로 하고, 점 0, q를 꼭짓점으로 하는 포물선이다.

일차방정식

Linear equation

우변을 0으로 만들었을 때,
좌변의 최고차항이 1인 방정식을
일차방정식이라고 한다.
즉 (일차식)＝0꼴로 정리되는 방정식이다.

예) $4x+5=2x-7$

$4x-2x+5+7=0$

$\underbrace{2x+12}_{\text{일차식}}=\underbrace{0}_{0}$

이차함수 $y=ax^2$의 그래프

Graph of Quadratic equation $y=ax^2$

11

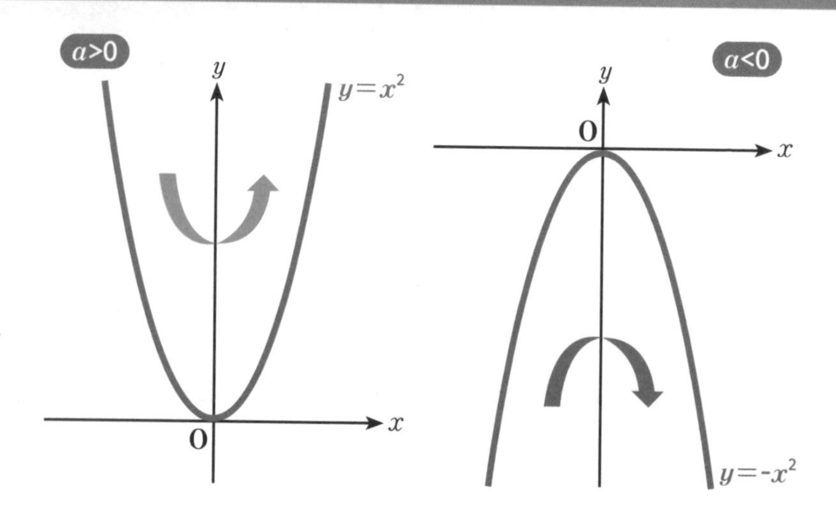

1. y축을 축으로 하고, 원점을 꼭짓점으로 하는 포물선이다.
2. $a>0$일 때 아래로 볼록하고, $a<0$일 때 위로 볼록하다.
3. a의 절댓값이 클수록 그래프의 폭이 좁아진다.
4. 이차함수 $y=-ax^2$의 그래프와 x축에 대하여 서로 대칭이다.

일차방정식의 풀이

Solving Linear equations

20

① 괄호가 있으면 괄호를 먼저 푼다.

② 계수가 분수나 소수인 경우에는 양변에 알맞은 수를 곱해 계수를 정수로 고친다.

③ 미지수 x를 포함한 항은 좌변으로, 상수항은 우변으로 이항해 정리한다.

④ 양변을 정리해 $ax=b\,(a=0)$꼴로 고친다.

⑤ 양변을 x의 계수로 나눈다.

이차함수 $y=x^2$의 그래프

Graph of Quadratic equation $y=x^2$

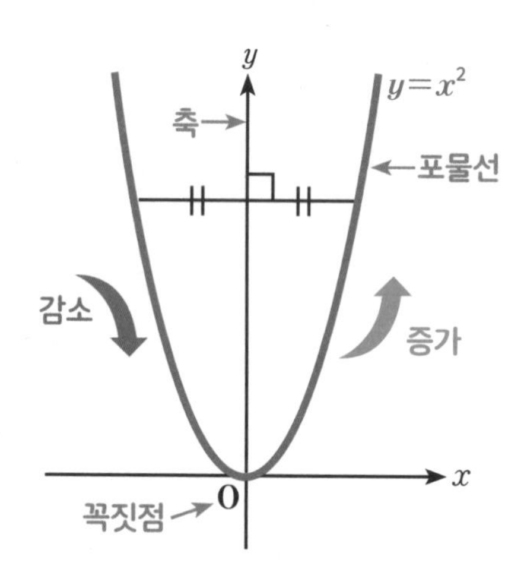

1. 원점을 지나고 아래로 볼록한 곡선이다.

2. y축에 대칭이다.

3. $x<0$일 때, x의 값이 증가하면 y의 값은 감소한다.

4. $x>0$일 때, x의 값이 증가하면 y의 값도 증가한다.

소소한 수학

21

1, 2, 3, 4, 5, 6, 7, 8, 9, 0을 모두

한 번씩만 써서 1을 만들어 보자.

$$? + ? = 1$$

답: $\frac{148}{296} + \frac{35}{70} = 1$

January

9

이차함수

Quadratic function

$y=2x^2-3$

$y=\frac{1}{4}x^2+2x+6$

이차함수이다 ✓

$y=x^3+5$

$y=\frac{3}{2x^2}$

이차함수가 아니다 ✕

함수 $y=f(x)$에서 y가 x에 대한 이차식

$y=ax^2+bx+c$(a, b, c는 수, $a\neq0$)로 나타내어질 때,

이 함수를 x에 대한 이차함수라고 한다.

좌표
Coordinate

22

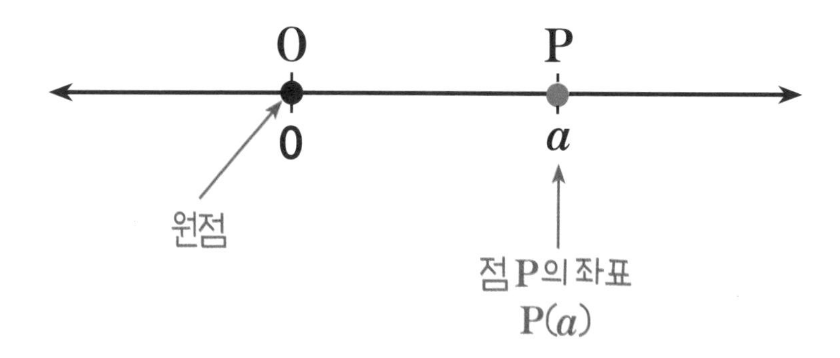

수직선이나 평면에서 점의 위치를 나타내는

수나 쌍을 좌표라고 한다.

소소한 수학

숫자 8만 써서 1000을 만드는 방법!

888+88+8+8+8=1000

순서쌍

Ordered pair

순서를 정하여 짝지어 나타낸 것을 순서쌍이라고 한다. 흔히 (a, b)로 적는다. 두 수의 순서를 나타낸 것이기 때문에 (a, b)와 (b, a)는 서로 다르다.

$$(a, b) \neq (b, a)$$

이차방정식의 근의 개수

Number of Roots of a Quadratic Equation

7

이차방정식 $ax^2+bx+c=0$의 근의 개수는

$$x=\frac{-b\pm\sqrt{b^2-4ac}}{2a}$$

→ 근의 공식

근의 공식에서 판별식 b^2-4ac의 부호에 따라 달라진다.

성질	평행사변형
$b^2-4ac > 0$	서로 다른 두 근
$b^2-4ac = 0$	중근(근의 개수 1개)
$b^2-4ac < 0$	근이 없다

근이 존재하려면 근호($\sqrt{\ }$) 안의 값이 음수가 아니어야 한다.

즉 $b^2-4ac\geq0$이어야 한다.

April

24

좌표평면 ①

Cordinate plane ①

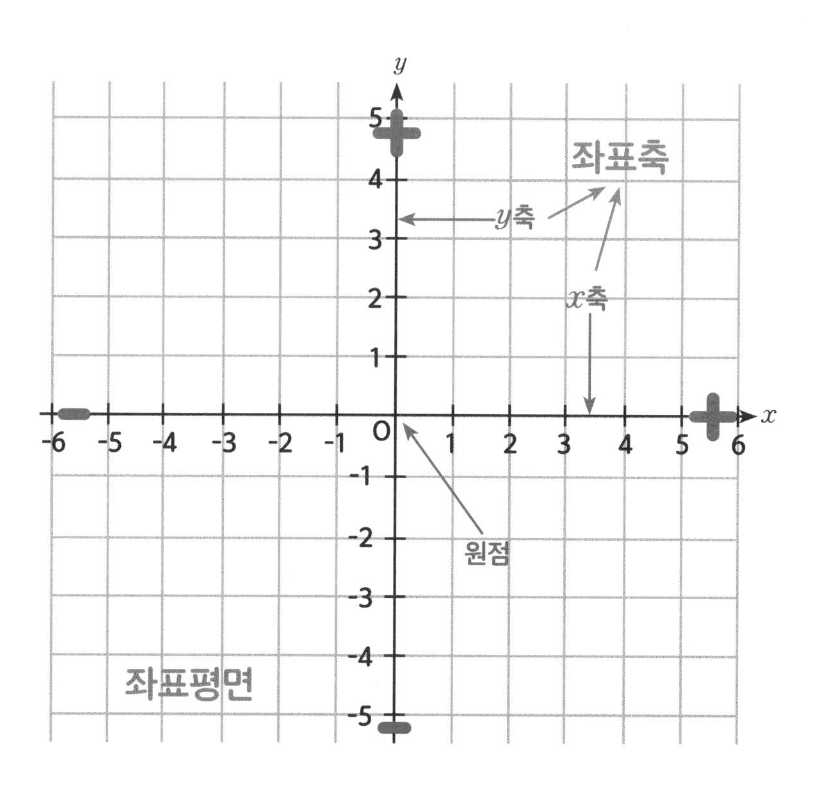

이차방정식의 풀이 ③ 근의 공식 이용

olving linear inequalities ③

$3x^2+7x+1=0$을 풀면

근의 공식 활용

$$x=\frac{-b\pm\sqrt{b^2-4ac}}{2a}$$

$a=3$, $b=7$, $c=1$

$$x=\frac{-7\pm\sqrt{7^2-4\times3\times1}}{2\times3}$$

좌표평면 ②

Cordinate plane ②

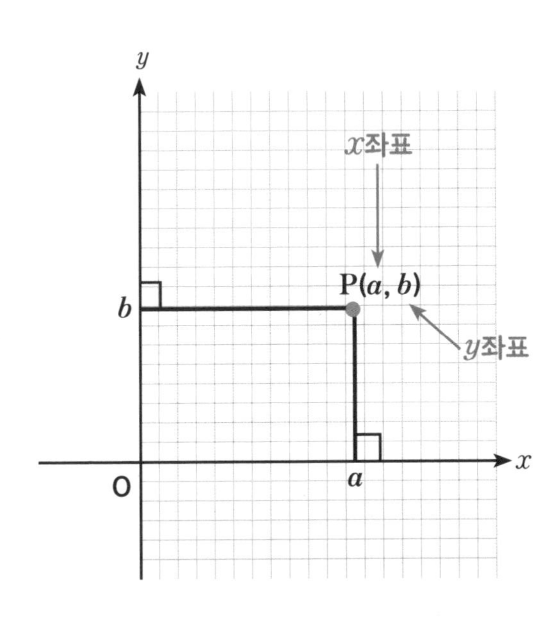

이차방정식의 근의 공식

Formula for Quadratic equation roots

이차방정식 $ax^2+bx+c=0(a \neq 0)$의 해는

$$x=\frac{-b\pm\sqrt{b^2-4ac}}{2a}$$

(단, $b^2-4ac \geq 0$)

April

26

좌표평면 ③

Cordinate plane ③

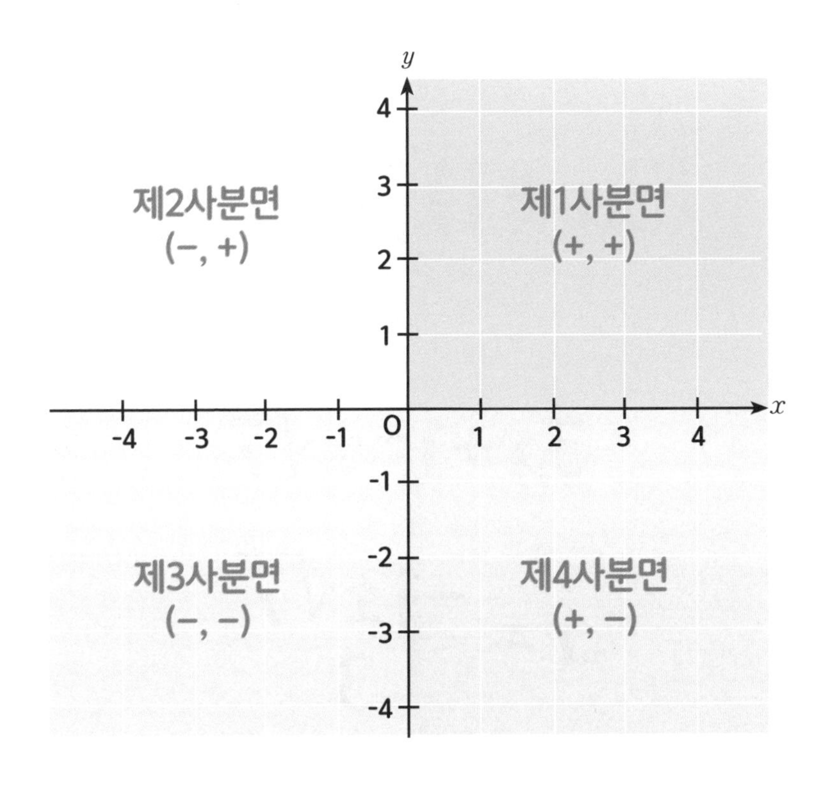

이차방정식의 풀이 ② 제곱근

Solving linear inequalities②

4

$(3x+1)^2=7$을 풀면

$$3x+1=\pm\sqrt{7}$$

$$x=\frac{-1\pm\sqrt{7}}{3}$$

좌표평면 ④

Cordinate plane ④

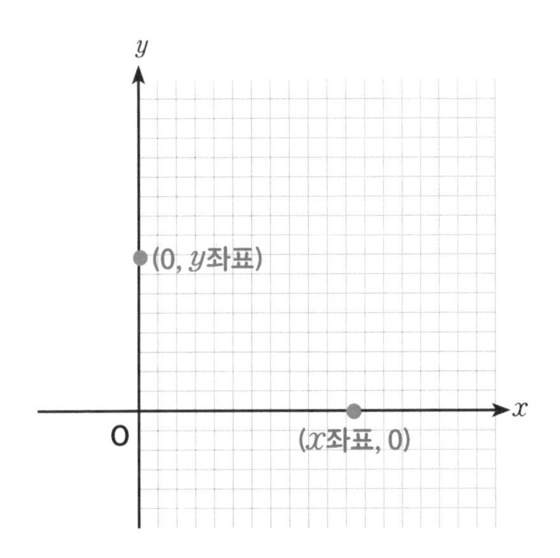

1. x축 위의 좌표 : (x좌표, 0)
2. y축 위의 좌표 : (0, y좌표)

January

이차방정식의 풀이 ① 인수분해

Solving linear inequalities ①

3

$x^2-5x+6=0$을 풀면

$(x-2)(x-3)=0$

$x=2$ 또는 $x=3$

정비례와 반비례

Direct proportion and Inverse proportion

두 수량이나 정도가 일정한 비율로 늘어나는 것을 정비례, 한쪽이 많아지거나 커지면 다른 쪽이 일정한 비율로 줄어드는 것을 반비례라고 한다.

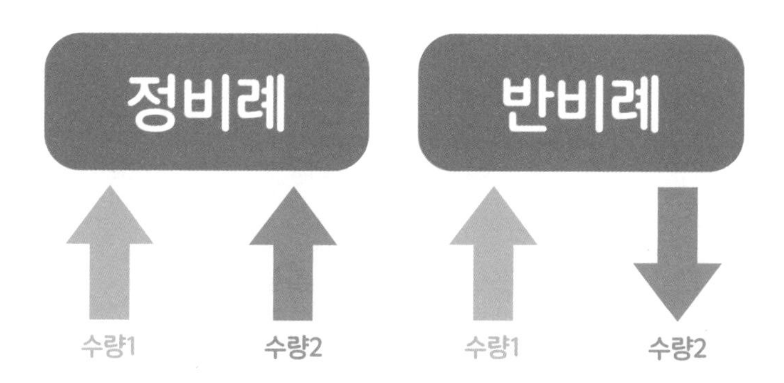

January

중근

Multiple root

2

$$(x-1)^2=0$$

$$x=1$$

이차방정식에서 두 해가 중복될 때,

이 해를 이차방정식의 중근이라고 한다.

정비례 관계의 그래프

Graph of a proportional relationship

정비례 관계 $y=ax$(단, $a\neq0$)의 그래프는

원점을 지나는 직선이다.

$a>0$일 때

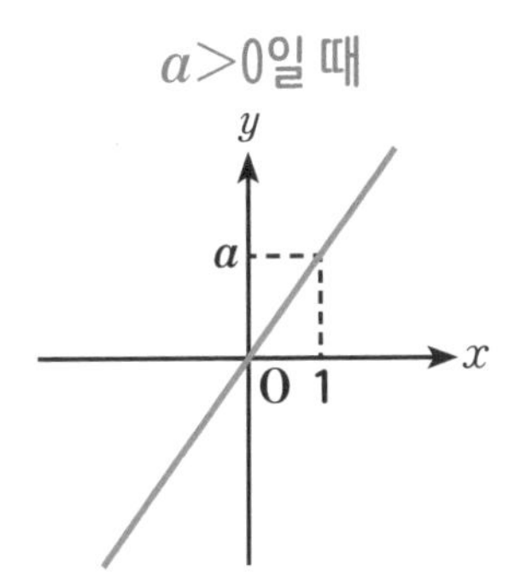

제1사분면과

제3사분면을 지난다.

$a<0$일 때

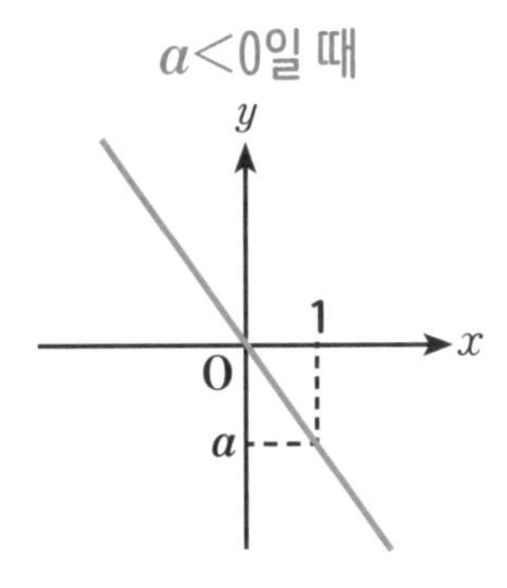

제2사분면과

제4사분면을 지난다.

이차방정식의 해

Solutions of a Quadratic equation

1

이차방정식

$x^2+3x-4=0$의 해는

$x=-4$ 또는 $x=1$이다.

$(-4)^2+3\times(-4)-4=0$(참), $1^2+3\times1-4=0$(참)

반비례 관계의 그래프

Graph of a inverse relationship

반비례 관계 $y=\frac{a}{x}$(단, $a\neq0$)의 그래프는

한 쌍의 매끄러운 곡선이다.

$a>0$일 때

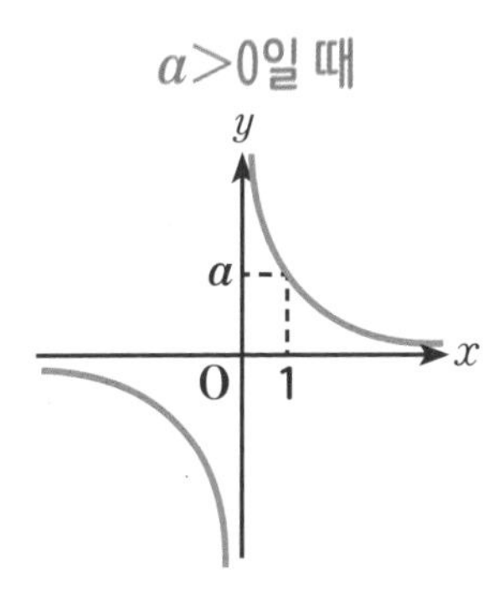

제1사분면과

제3사분면을 지난다.

$a<0$일 때

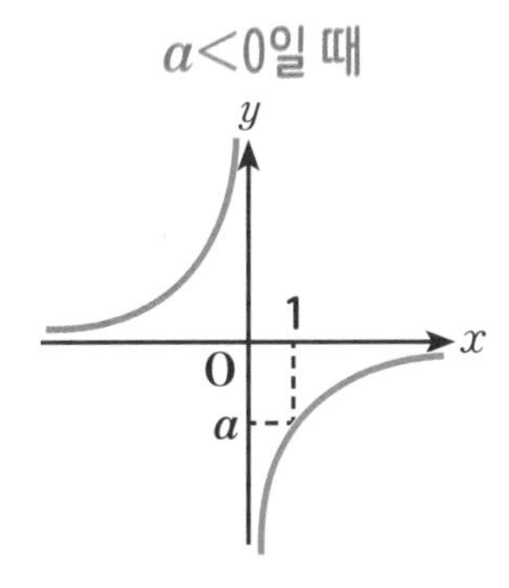

제2사분면과

제4사분면을 지난다.

· 1월에 배울 수학 개념 ·

이차방정식의 해
중근
이차방정식의 풀이 ①: 인수분해
이차방정식의 풀이 ②: 제곱근
이차방정식의 근의 공식
이차방정식의 풀이 ③: 근의 공식 이용
이차방정식의 근의 개수
소소한 수학*
이차함수
이차함수 $y=x^2$의 그래프
이차함수 $y=ax^2$의 그래프
이차함수 $y=ax^2+q$의 그래프
이차함수 $y=a(x-p)^2$의 그래프
이차함수 $y=a(x-p)^2+q$의 그래프
이차함수 $y=ax^2+bx+c$의 그래프
복습!*
소소한 수학*
이차함수의 그래프에서 계수의 부호
이차함수의 최댓값과 최솟값
삼각비
30°, 45°, 60°의 삼각비
0°, 90°의 삼각비
예각삼각형의 넓이
둔각삼각형의 넓이
정삼각형의 넓이
이등변삼각형의 넓이
복습!*
정삼각형의 높이
현의 수직이등분선
현의 길이
원의 접선의 길이

5

May

1

January

떡국과 내 나이는

비례일까 반비례일까?

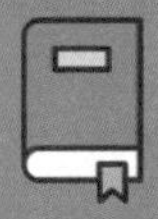

· 5월에 배울 수학 개념 ·

- 소소한 수학*
- 도형의 기본 요소
- 점, 선, 면
- 평면도형
- 입체도형
- 교점
- 교선
- 직선을 나타내는 기호들 ①
- 직선을 나타내는 기호들 ②
- 두 점 사이의 거리
- 중점
- 각을 나타내는 기호
- 각의 종류
- 교각과 맞꼭지각
- 직교
- 수직이등분선
- 수선의 발
- 점과 직선의 위치 관계
- 평면에서 두 직선의 위치 관계
- 꼬인 위치에 있는 선
- 공간에서 두 직선의 위치 관계
- 직선과 평면의 위치 관계
- 동위각
- 엇각
- 평행선에서 각의 성질
- 두 직선이 평행할 조건
- 복습!*
- 작도
- 삼각형의 세 변의 길이 사이의 관계
- 삼각형의 넓이
- 삼각형에서 대변과 대각

December

31

이차방정식

Quadratic equation

$$ax^2+bx+c=0$$

(단, a,b,c는 상수, $a \neq 0$)

등식의 모든 항을 좌변으로 이항하여 정리한 식이

(x에 대한 이차식)=0

꼴로 나타나는 방정식을 x에 대한 이차방정식이라고 한다..

구골은 1 뒤에 0이 100개 오는 숫자이다.

1 Googol

$$=10^{100}$$

December

30

복습!

Brush up on!

~ 인수분해 공식 ~

① $a^2+2ab+b^2=(a+b)^2$

$a^2-2ab+b^2=(a-b)^2$

② $a^2-b^2=(a+b)(a-b)$

③ $x^2+(a+b)x+ab=(x+a)(x+b)$

④ $acx^2+(ad+bc)x+bd=(ax+b)(cx+d)$

도형의 기본 요소

Basic elements in Geometry

2

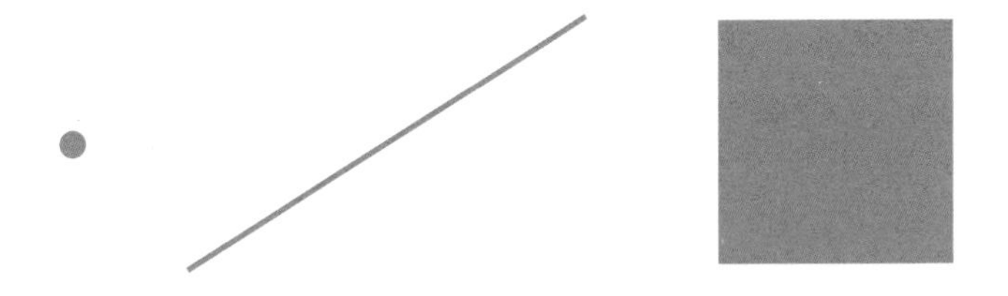

도형을 이루는 기본 요소 세 가지는 점, 선, 면이다.

December

인수분해 공식 ④

Factoring formulas ④

29

$$acx^2+(ad+bc)x+bd=(ax+b)(cx+d)$$

점, 선, 면

Point, Line & Plane

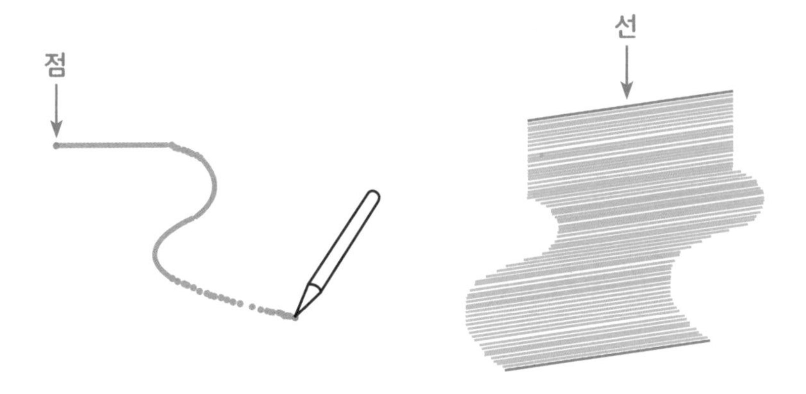

점이 연속해서 움직인 자리는 선이 되고,

선이 연속해서 움직인 자리는 면이 된다.

인수분해 공식 ③

Factoring formulas ③

$$x^2+(a+b)x+ab=(x+a)(x+b)$$

May

4

평면도형

Plane figure

삼각형, 원, 사각형처럼 한 평면 위에 있는 도형을

평면도형이라고 한다.

December

인수분해 공식 ②

Factoring formulas ②

27

$$a^2-b^2=(a+b)(a-b)$$

입체도형

Solid figure

5

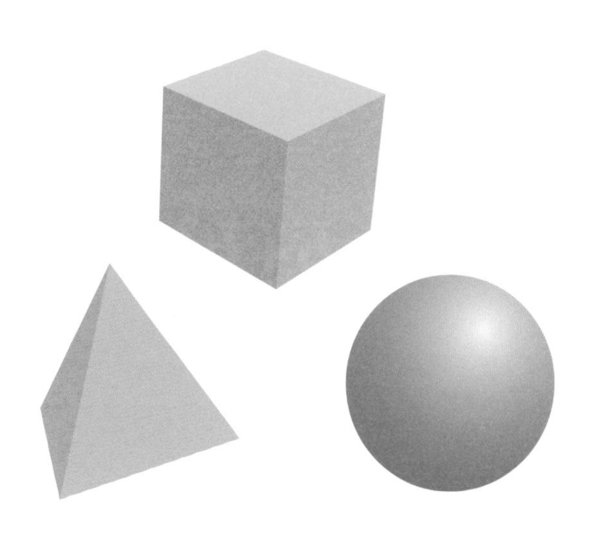

직육면체, 원뿔, 구처럼 한 평면 위에 있지 않는 도형을

입체도형이라고 한다.

인수분해 공식 ①

Factoring formulas ①

① $a^2+2ab+b^2=(a+b)^2$

② $a^2-2ab+b^2=(a-b)^2$

교점

Intersection point

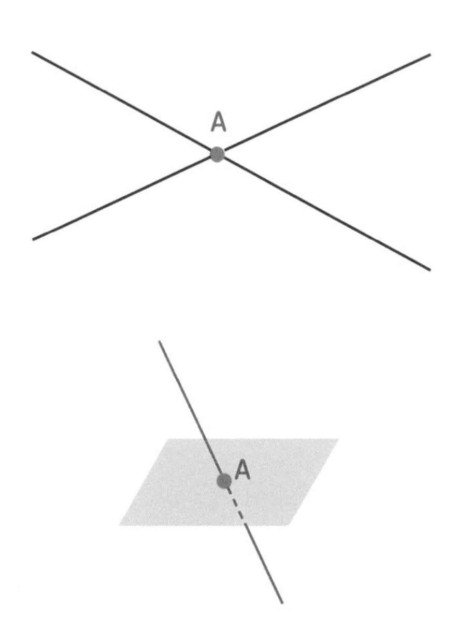

선과 선 또는 선과 면이 만나서 생기는 점을 교점이라고 한다.

완전제곱식

Perfect square expression

25

$$(3x+2y)^2$$
$$=9x^2+12xy+4y^2$$

다항식의 제곱으로 이루어진 식 또는 그 식에

수를 곱한 식을 완전제곱식이라고 한다.

교선

Line of intersection

7

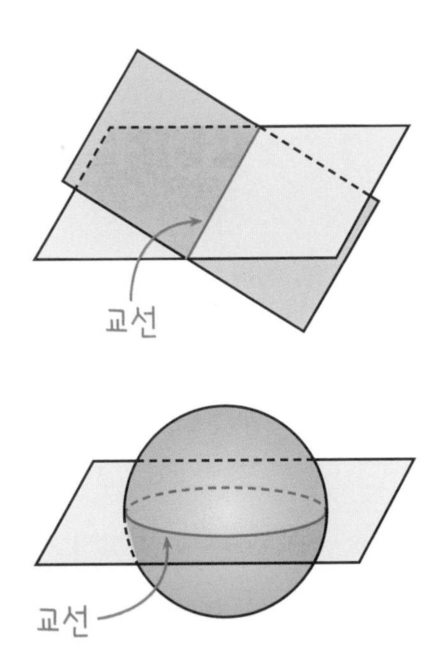

선과 면이 만나서 생기는 선을 교선이라고 한다.

인수분해

Factorization

24

$$x^2+3x+2$$

인수분해 ↓ ↑ 전개

$$(x+1)(x+2)$$

인수

하나의 다항식을 두 개 이상의 다항식의 곱으로 나타낼 때, 각각의 식을 처음 식의 인수라 하고, 하나의 다항식을 두 개 이상의 곱으로 나타낼 때 그 다항식을 인수분해한다고 한다.

직선을 나타내는 기호들 ①

Symbols for 'line AB' ①

8

직선

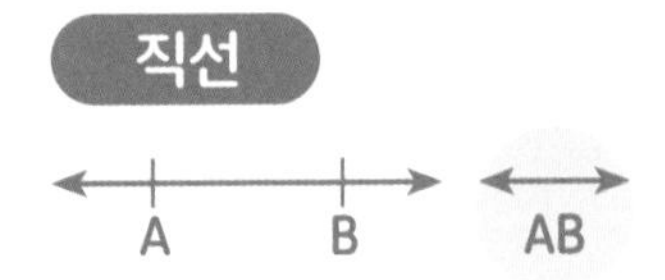

선분

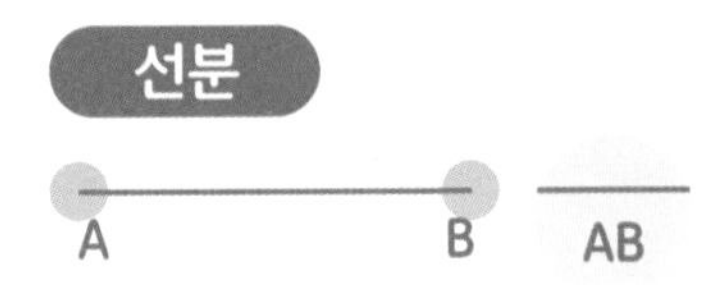

반직선

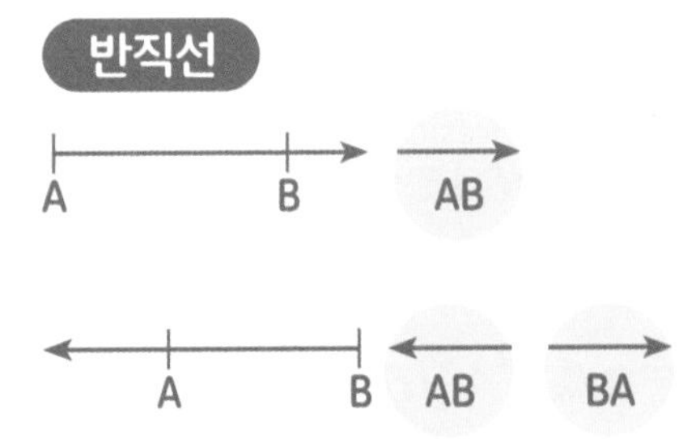

복습!

Brush up on!

~ 곱셈 공식 ~

① $(a+b)^2=a^2+2ab+b^2$

$(a-b)^2=a^2-2ab+b^2$

② $(a+b)(a-b)=a^2-b^2$

③ $(x+a)(x-b)=x^2+(a+b)x+ab$

④ $(ax+b)(cx+d)=acx^2+(ad+bc)x+bd$

직선을 나타내는 기호들 ②

Symbols for ‘line AB’ ②

$$\overleftrightarrow{AB} = \overleftrightarrow{BA}$$

$$\overrightarrow{AB} \neq \overrightarrow{BA}$$

$$\overline{AB} = \overline{BA}$$

December

22

곱셈공식 ③

Multiplication formulas ③

1. $(x+a)(x+b)=x^2+(a+b)x+ab$
2. $(ax+b)(cx+d)=acx^2+(ad+bc)x+bd$

두 점 사이의 거리
Distance between Two points

10

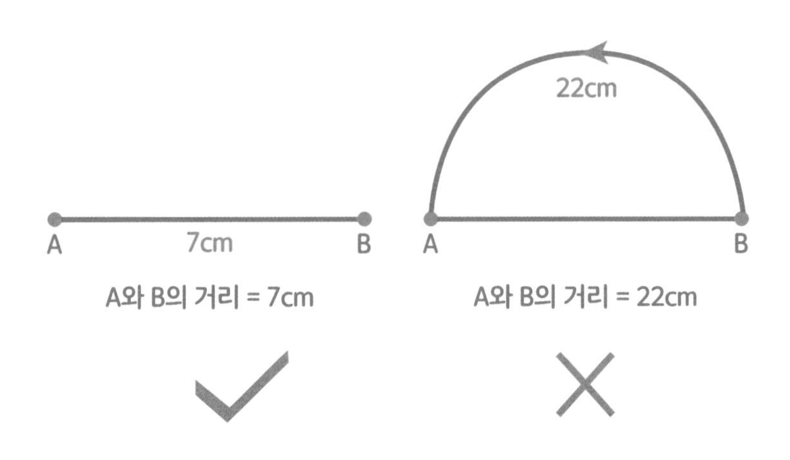

임의의 서로 다른 두 점 A, B를 잇는 선은 무수히 많다.

그중 가장 짧은 선인 선분 AB의 길이를

두 점 A, B 사이의 거리라고 한다.

곱셈공식 ②

Multiplication formulas ②

$$(a+b)(a-b)=a^2-b^2$$

May

중점

Midpoint

11

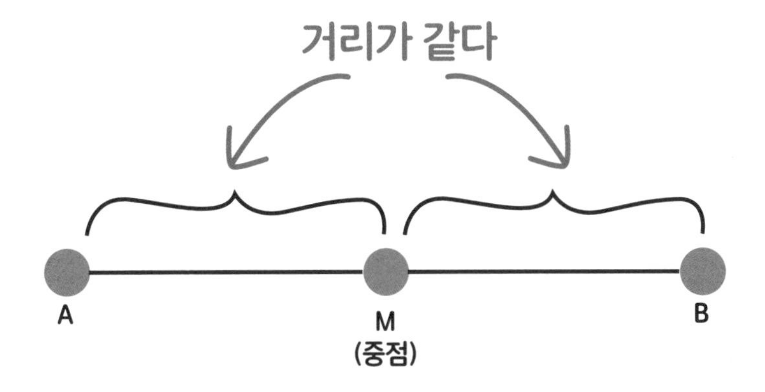

선분을 길이가 같은 두 선분으로 이등분하는 점을 중점이라고 한다. 선분 AB 위의 한 점 M에서 AM과 선분 BM의 길이가 같을 때 점 M을 중점이라고 한다.

곱셈공식 ①

Multiplication formulas ①

20

1. $(a+b)^2=a^2+2ab+b^2$

2. $(a-b)^2=a^2-2ab+b^2$

각을 나타내는 기호

Angle symbol

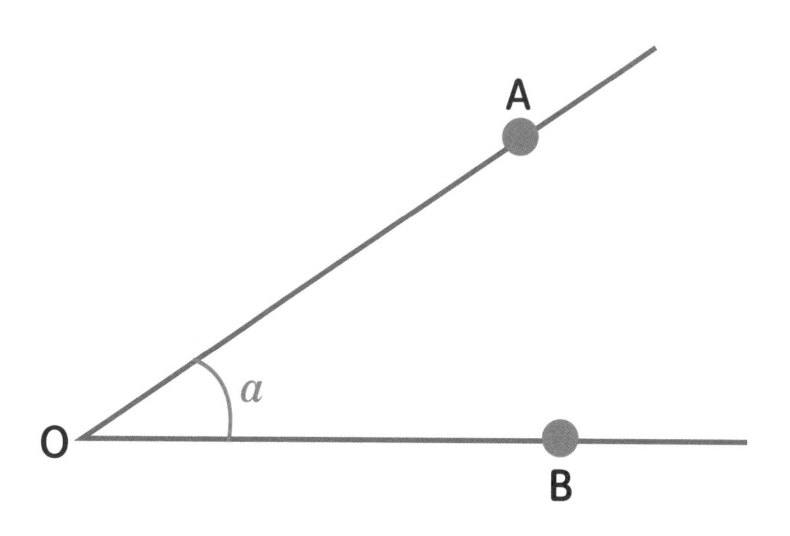

$\angle A\underline{O}B$, $\angle O$, $\angle a$

↑

각의 꼭짓점을 가운데 둔다.

December

다항식의 곱셈

Multiplication of polynomials

19

$$(a+b)(c+d)=\underset{①}{\underline{ac}}+\underset{②}{\underline{ad}}+\underset{③}{\underline{bc}}+\underset{④}{\underline{bd}}$$

각의 종류

Types of Angles

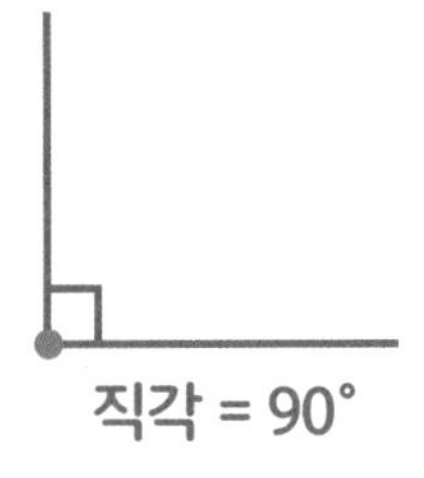

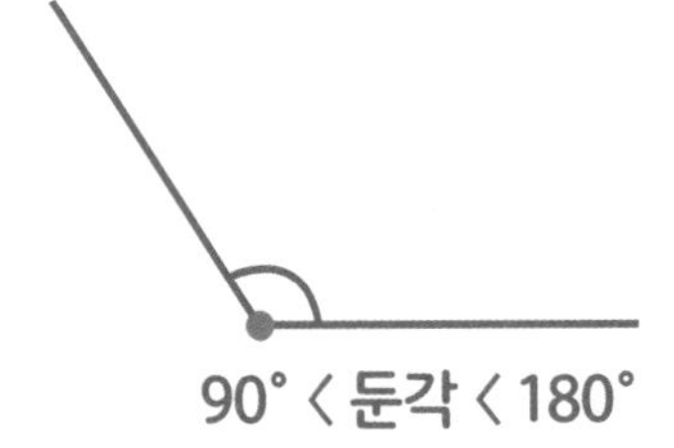

December

소소한 수학

18

단 하나의 식 안에
1, 2, 3, 4, 5, 6, 7, 8, 9를
모두 나오게 하려면?

답: 429+138=567

교각과 맞꼭지각

Angles of intersection & Vertically opposite angle

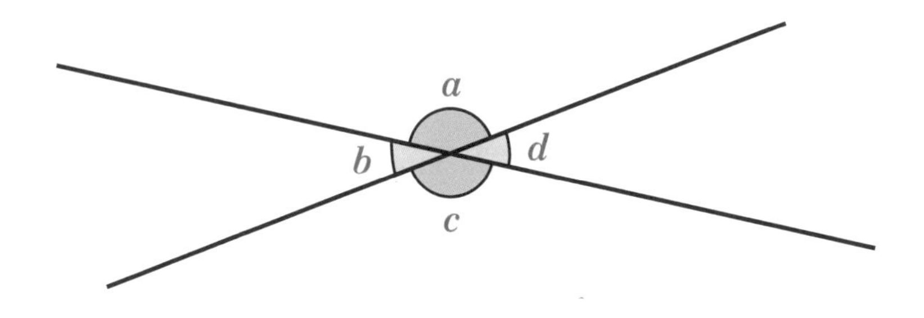

두 직선이 한 점에서 만나면, 4개의 각이 생긴다.

이때 생기는 각 $\angle a$, $\angle b$, $\angle c$, $\angle d$를 두 직선의 교각이라고 한다.

이 교각 중에서 $\angle a$와 $\angle c$, $\angle b$와 $\angle d$처럼

서로 마주 보는 각을 맞꼭지각이라고 한다.

제곱근의 근삿값

Approximations of Square Roots

$$\sqrt{2} \fallingdotseq 1.414$$

$$\sqrt{3} \fallingdotseq 1.732$$

$$\sqrt{5} \fallingdotseq 2.236$$

직교

Orthogonality

15

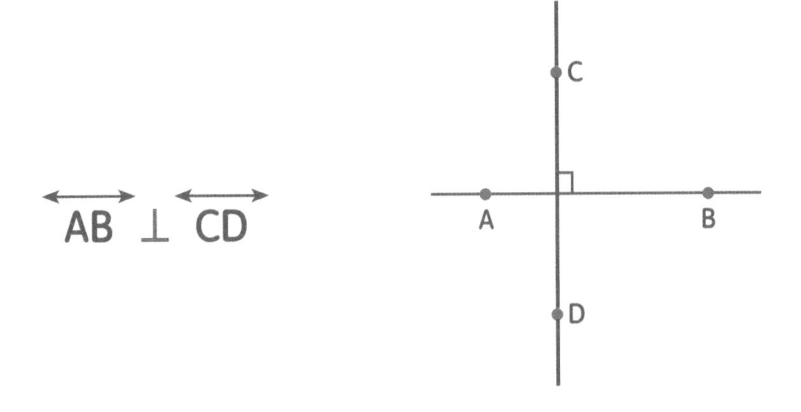

두 직선이 직각으로 만날 때,

이 두 직선은 직교한다고 한다.

분모의 유리화

Rationalizing the Denominator

16

$a>0$, $b>0$일 때

$$\frac{\sqrt{a}}{\sqrt{b}}=\frac{\sqrt{a}\sqrt{b}}{\sqrt{b}\sqrt{b}}=\frac{\sqrt{ab}}{b}$$

분모가 근호가 있는 무리수일 때, 분모와 분자에 0이 아닌 같은 수를 곱하여 분모를 유리수로 고치는 것을 분모의 유리화라고 한다.

예) $\frac{3}{5\sqrt{3}}=\frac{3\times\sqrt{3}}{5\sqrt{3}\times\sqrt{3}}$ ← 분모, 분자에 $\sqrt{3}$을 곱한다.

$=\frac{\cancel{3}\sqrt{3}}{\cancel{15}_{5}}$ ← 약분

$=\frac{\sqrt{3}}{5}$

수직이등분선

Perpendicular bisector

16

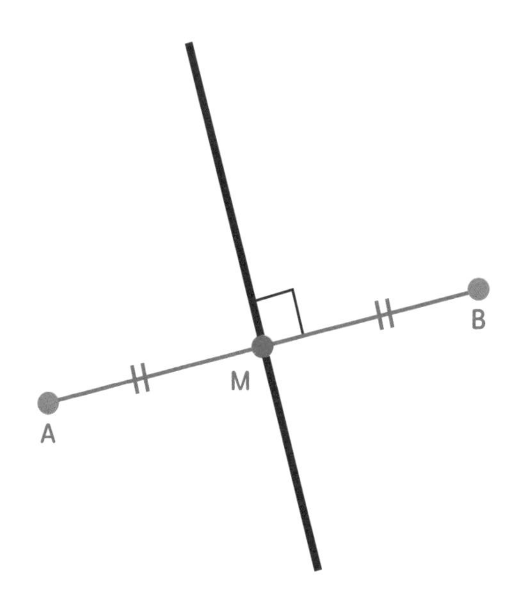

주어진 선분을 길이가 같은 두 선분으로 이등분하고

이 선분에 수직인 직선을 수직이등분선이라고 한다.

제곱근의 덧셈과 뺄셈

Addition and subtraction of square roots

$$13a + 4a = (13+4)a = 17a$$

$$13\sqrt{26} + 4\sqrt{26} = (13+4)\sqrt{26} = 17\sqrt{26}$$

다항식의 덧셈과 뺄셈에서 동류항끼리 모아서

계산하듯이, 제곱근의 덧셈과 뺄셈도

근호 안의 수가 같은 것끼리 모아서 계산한다.

수선의 발

Foot of perpendicular

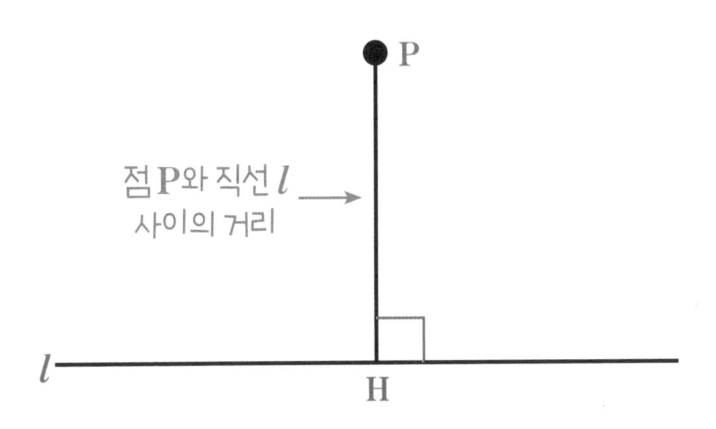

직선이나 평면이 수선과 만나는 점을 수선의 발이라고 한다.

제곱근의 나눗셈

Dividing Square roots

14

$a>0$, $b>0$일 때

$$\sqrt{a} \div \sqrt{b} = \frac{\sqrt{a}}{\sqrt{b}} = \sqrt{\frac{a}{b}}$$

$$\frac{\sqrt{a}}{b} = \frac{\sqrt{a}}{\sqrt{b^2}} = \sqrt{\frac{a}{b^2}}$$

$$m\sqrt{a} \div n\sqrt{b} = \frac{m}{n}\sqrt{\frac{a}{b}}$$ (단, $n \neq 0$)

점과 직선의 위치 관계

Relative position of a Point and a Straight line

18

① 점이 직선 위에 있다

l

② 점이 직선 위에 있지 않다

l

제곱근의 곱셈
Multiplying Square roots

$a>0$, $b>0$일 때

$$\sqrt{a}\sqrt{b}=\sqrt{ab}$$

$$a\times\sqrt{b}=a\sqrt{b}=\sqrt{a^2b}$$

$$m\sqrt{a}\times n\sqrt{b}=mn\sqrt{ab}$$

평면에서 두 직선의 위치 관계

Relative position of Two straight lines in the Plane

19

① 일치한다($l=m$)

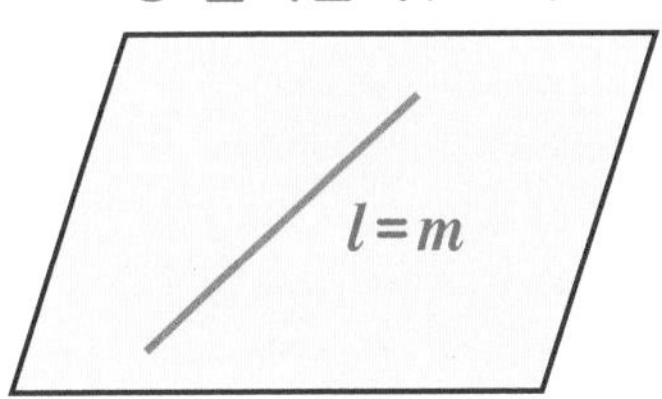

② 한 점에서 만난다

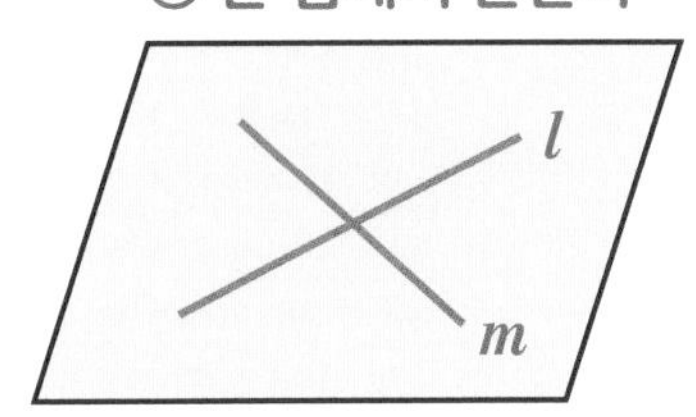

③ 평행하다($l /\!/ m$)

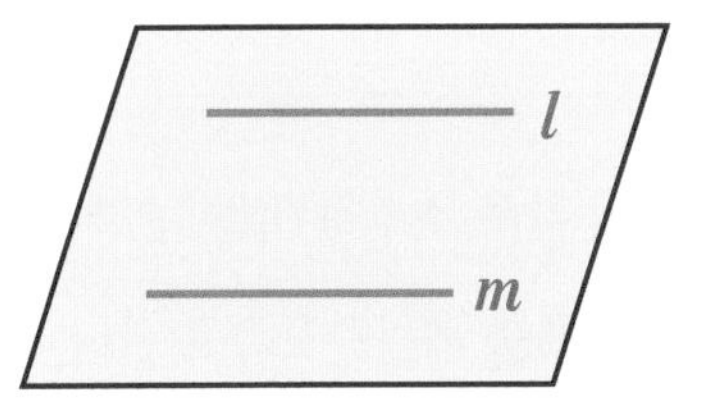

December

12

제곱근표

Square root table

② 세로

① 가로

수	0	1	2	3	4	5	6	7	8	9
10	3.162	3.178	3.194	3.209	3.225	3.240	3.256	3.271	3.286	3.302
11	3.317	3.332	3.347	3.362	3.376	3.391	3.406	3.421	3.435	3.450
12	3.464	3.479	3.493	3.507	3.521	3.536	3.550	3.564	3.578	3.592
13	3.606	3.619	3.633	3.647	3.661	3.674	3.688	3.701	3.715	3.728
14	3.724	3.755	3.768	3.782	3.795	3.808	3.821	3.834	3.847	3.860
15	3.873	3.886	3.899	3.912	3.924	3.937	3.950	3.962	3.975	3.987
16	4.000	4.012	4.025	4.037	4.050	4.062	4.074	4.087	4.099	4.111
17	4.123	4.135	4.147	4.159	4.171	4.183	4.195	4.207	4.219	4.231
18	4.243	4.254	4.266	4.278	4.290	4.301	4.313	4.324	4.336	4.347
19	4.359	4.370	4.382	4.393	4.405	4.416	4.427	4.438	4.450	4.461
10	4.472	4.494	4.494	4.506	4.517	4.528	4.539	4.550	4.561	4.572
21	4.583	4.604	4.604	4.615	4.626	4.637	4.648	4.658	4.669	4.680

$\sqrt{16.5}$의 근사값

$$\sqrt{16.5} \fallingdotseq 4.062$$

1.00부터 99.9까지의 수의 양의 제곱근의 값을 소수점 아래 넷째 자리에서 반올림한 후 0.1 간격으로 나타낸 표를 제곱근표라고 한다.

꼬인 위치에 있는 선

Skewed lines

20

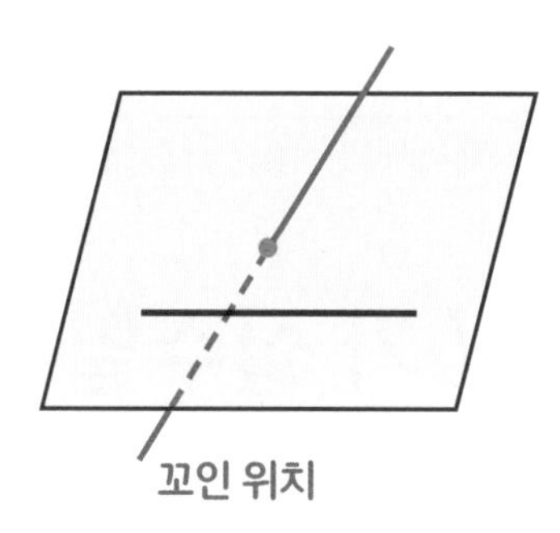

공간에서 두 직선이 서로 만나지도 않고 평행하지도 않을 때,

이 두 직선을 꼬인 위치에 있는 선이라고 한다.

꼬인 위치에 있는 두 직선은 한 평면 위에 있지 않다.

December

실수의 대소 관계

Size relationship among Real numbers

11

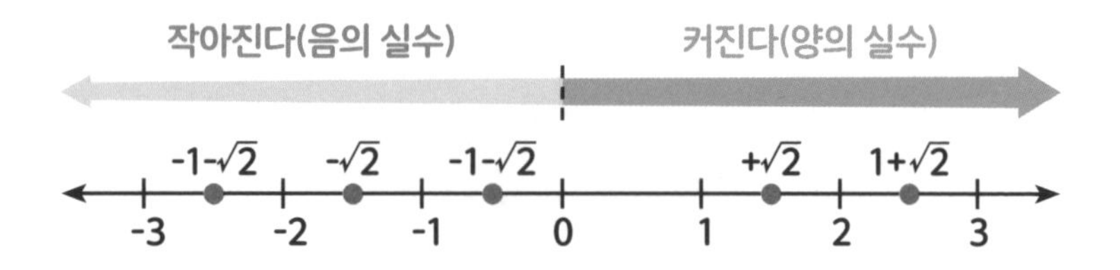

a, b가 실수일 때

---

① $a-b>0$이면 $a>b$

② $a-b=0$이면 $a=b$

③ $a-b<0$이면 $a<b$

May

공간에서 두 직선의 위치 관계

Relative position of Two straight lines in the Space

21

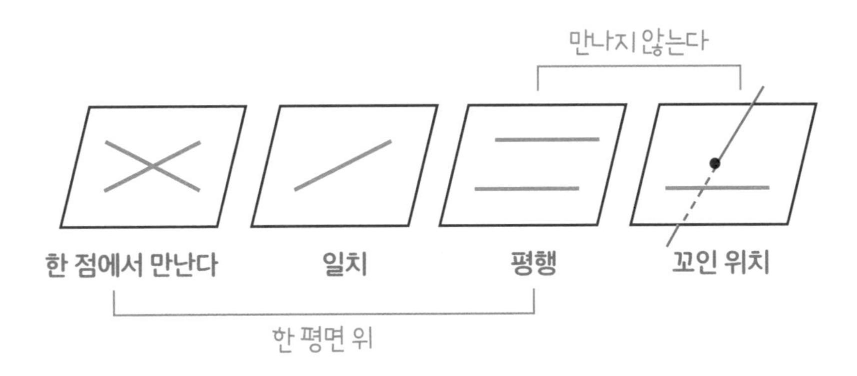

실수의 분류

Classification of real numbers

- 실수
  - 유리수
    - 정수
      - 양의 정수(자연수)
      - 0
      - 음의 정수
    - 정수가 아닌 유리수
  - 무리수

May

직선과 평면의 위치 관계 22

Relative position of a Straight line and a Plane

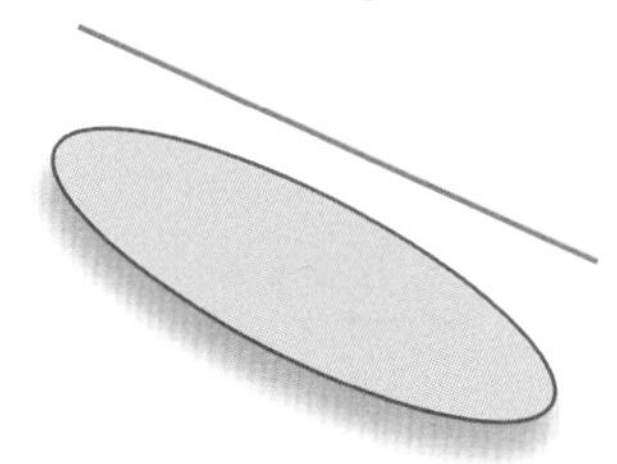

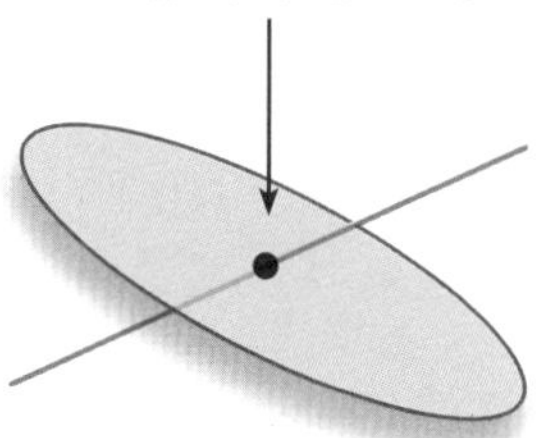

무리수

Irrational number

9

$$\sqrt{2}=1.4142135\cdots$$

$$\pi=3.14159265\cdots$$

유리수가 아닌 수를 무리수라고 한다.

즉 무리수는 순환소수가 아닌 무한소수로 나타나는 수다.

동위각

Corresponding angle

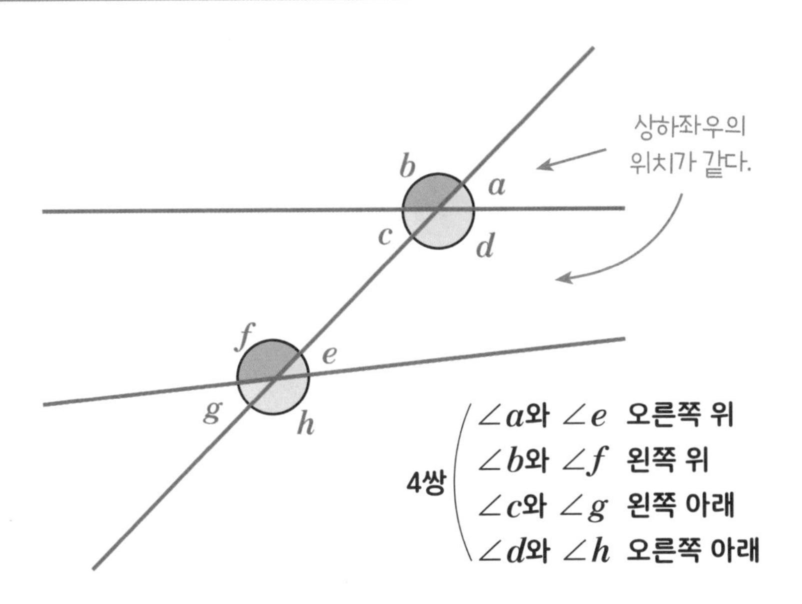

두 직선이 다른 한 직선과 만날 때

같은 쪽에 있는 각을 서로의 동위각이라고 한다.

제곱근의 대소 관계

Size relationships between Square roots

8

$a>0$, $b>0$일 때

---

① $a<b$이면 $\sqrt{a}<\sqrt{b}$

② $\sqrt{a}<\sqrt{b}$이면 $a<b$

엇각

Alternate angle

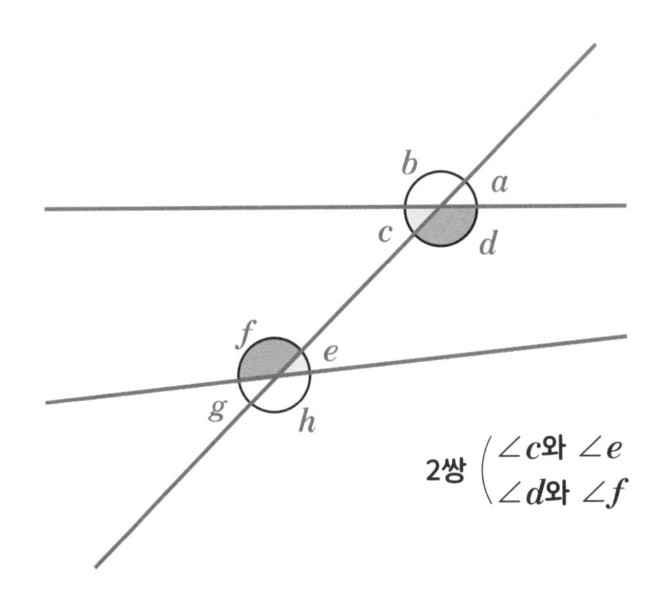

두 직선이 다른 한 직선과 만날 때

엇갈린 쪽에 있는 각을 서로의 엇각이라고 한다.

제곱근의 성질

Properties of Square roots

$a>0$일 때

① $(\sqrt{a})^2=a$, $(-\sqrt{a})^2=a$

② $\sqrt{a^2}=a$, $\sqrt{(-a)^2}=a$

평행선에서 각의 성질

Properties of angles in Parallel lines

평행한 두 직선이 한 직선과 만나면

동위각의

크기는 같다

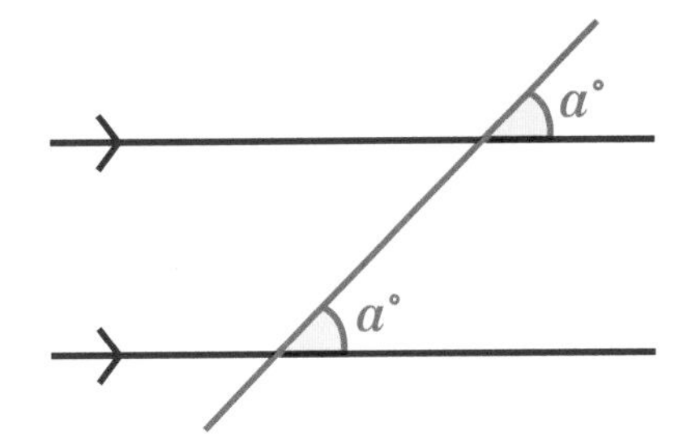

엇각의

크기는 같다

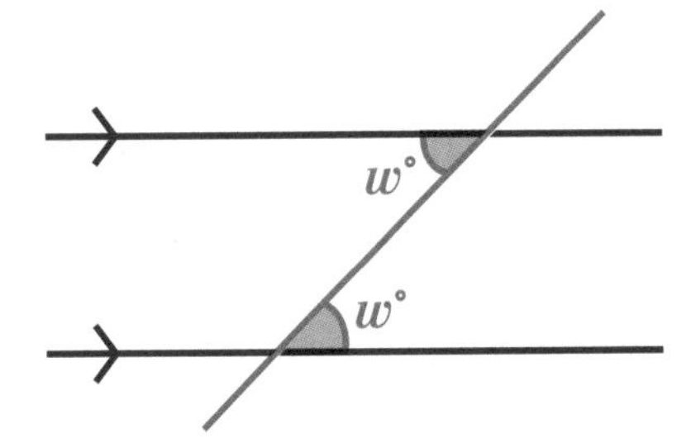

December

6

제곱근 ②

Square root ②

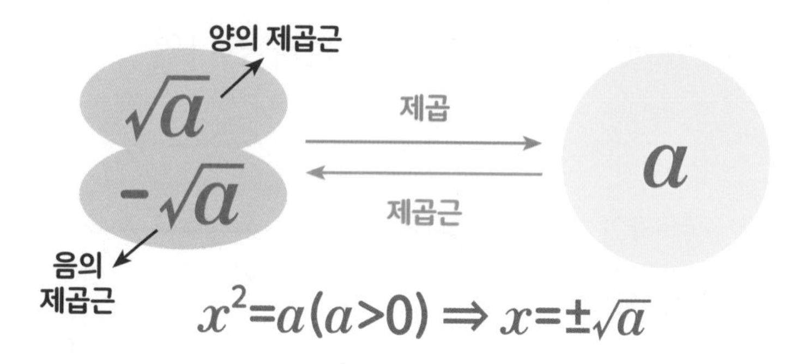

1. 양수 a의 제곱근은 양수와 음수 2개가 있고, 그 두 수의 절댓값은 서로 같다.
2. 0의 제곱근은 0이다.
3. 제곱은 기호 $\sqrt{\ }$ 를 써서 나타낸다. 이 기호를 '제곱근' 또는 '루트'라고 읽는다.

May

두 직선이 평행할 조건

Conditions for Two straight lines to be parallel

26

서로 다른 두 직선이 한 직선과 만날 때

동위각의 크기가 같으면
두 직선은 평행하다

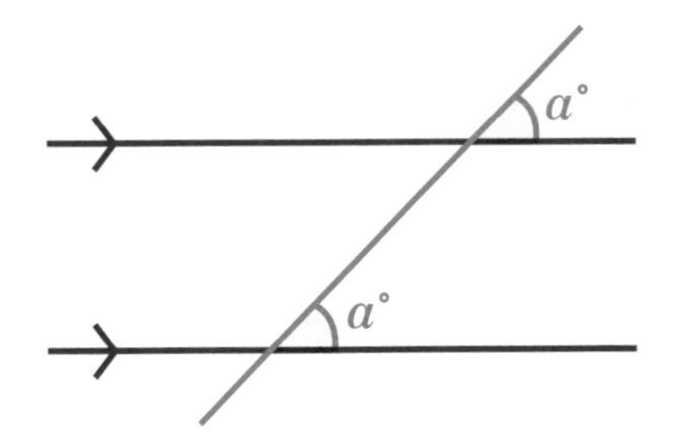

엇각의 크기가 같으면
두 직선은 평행하다

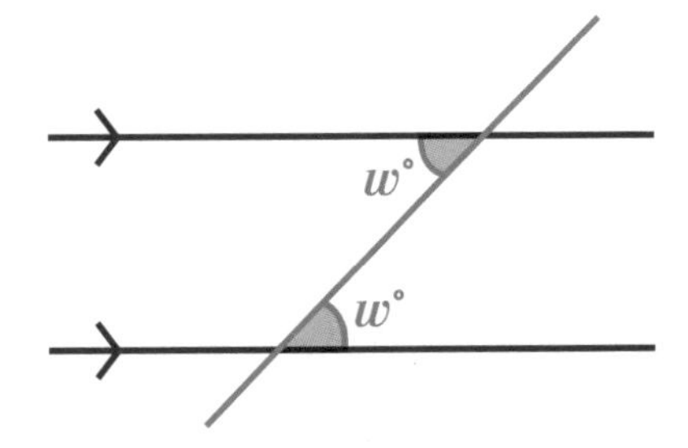

제곱근 ①

Square root ①

5

$$x^2=a$$

어떤 수 x를 제곱하여 a가 될 때, x를 a의 제곱근이라고 한다.

복습!

Brush up on!

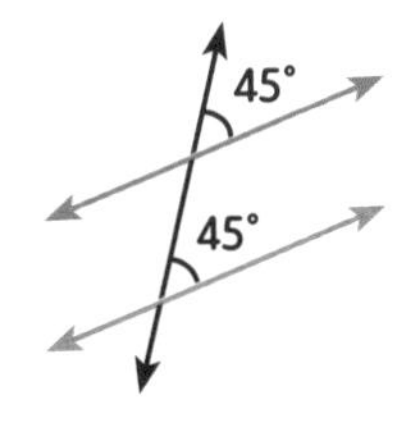

동위각의 크기가 같으므로
두 직선은 평행하다.

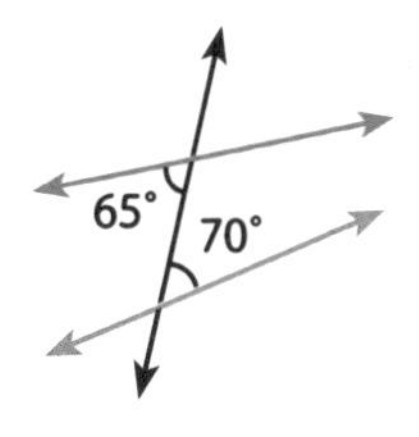

엇각의 크기가 다르므로
두 직선은 평행하지 않다.

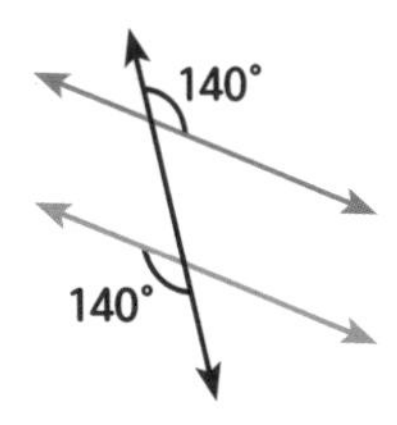

엇각의 크기가 같으므로
두 직선은 평행하다.

소소한 수학

$$99 \times 99 = 9801$$

$$999 \times 999 = 998001$$

$$9999 \times 9999 = 99980001$$

$$99999 \times 99999 = 9999800001$$

작도

Straightedge and compass construction

28

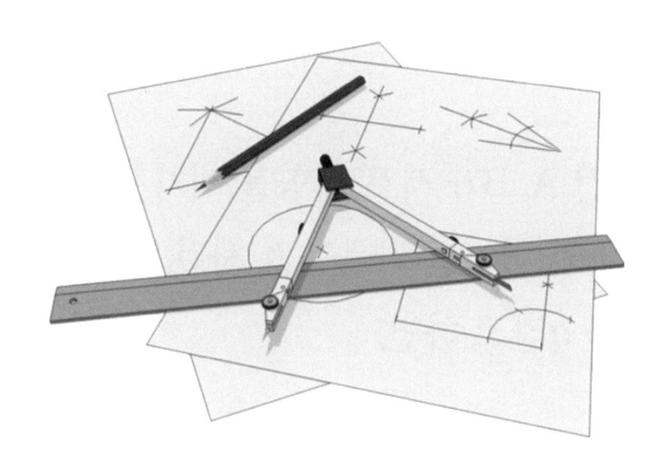

눈금 없는 자와 컴퍼스만을 이용해 여러 가지 도형을 그리는 것을 작도라고 한다. 이때 자는 직선을 긋는 용도로만 사용되고, 컴퍼스는 원을 그리고 선분의 길이를 옮기는 데에 사용된다.

December

사건 A와 B가 동시에 일어날 확률

Probability of an event A and event B occuring Simultaneously

3

두 사건 A, B가 서로 영향을 끼치지 않을 때 사건 A가 일어날 확률을 p, 사건 B가 일어날 확률을 q라고 하면,

(사건 A와 B가 동시에 일어날 확률)$=p\times q$

삼각형의 세 변의 길이 사이의 관계 Relationship between the Three sides of a triangle

삼각형에서 두 변의 길이의 합은
나머지 한 변의 길이보다 크다.

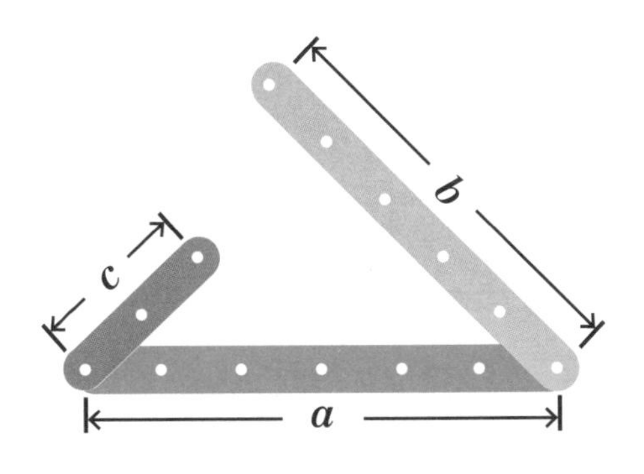

$$a+b>c,\ b+c>a,\ c+a>b$$

가장 긴 변의 길이 < 나머지 두 변의 길이의 합

사건 A 또는 B가 일어날 확률

Probability of an event A or event B occuring

2

두 사건 A와 B가 동시에 일어나지 않을 때 사건 A가 일어날 확률을 p, 사건 B가 일어날 확률을 q라고 하면,

(사건 A 또는 B가 일어날 확률)$=p+q$

삼각형의 넓이

Area of a Triangle

30

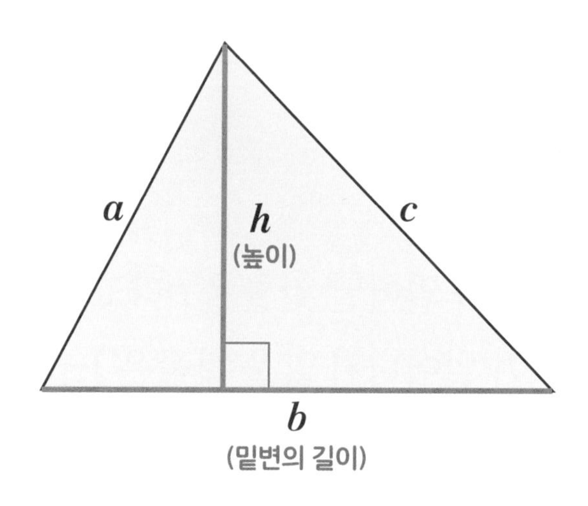

$$S = \frac{1}{2}bh$$

확률의 성질 ②

Properties of Probability ②

1

사건 A가 일어날 확률을 p라고 하면,

사건 A가 일어나지 않을 확률은 $1-p$이다.

삼각형에서 대변과 대각

Opposite side & angle of a Triangle

31

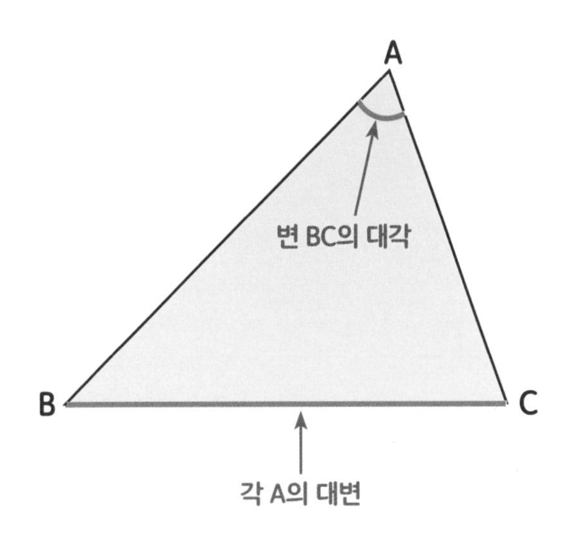

삼각형에서 한 각과 마주 보는 변을 대변,

마주 보는 각을 대각이라고 한다.

· 12월에 배울 수학 개념 ·

6

June

넌 귀여워지고~

12

December

★ 새해 계획 ★

1. 멋지게 자라기
2. 끝내주게 건강하기

⊕ ⊖ ⊗ ⊜

· 6월에 배울 수학 개념 ·

합동
삼각형의 합동 조건
다각형 ①
다각형 ②
정다각형
대각선의 개수
내각과 외각
삼각형의 내각과 외각
다각형의 내각의 합
다각형의 외각의 합
정다각형에서 한 내각의 크기
정다각형에서 한 외각의 크기
다각형의 내각의 크기의 합 + 외각의 크기의 합
원
호
호를 나타내는 기호
현
부채꼴
부채꼴의 중심각
할선
활꼴
복습!*
부채꼴의 성질
원주율
원의 둘레 길이
원의 넓이
호의 길이
부채꼴의 넓이 ①
부채꼴의 넓이 ②
다면체

확률의 성질 ①

Properties of Probability ①

30

1. 반드시 일어날 사건의 확률은 1이다.
2. 절대로 일어나지 않을 사건의 확률은 0이다.
3. 사건 A가 일어날 확률이 p라면, $0 \leq p \leq 1$이다.

합동

Congruence

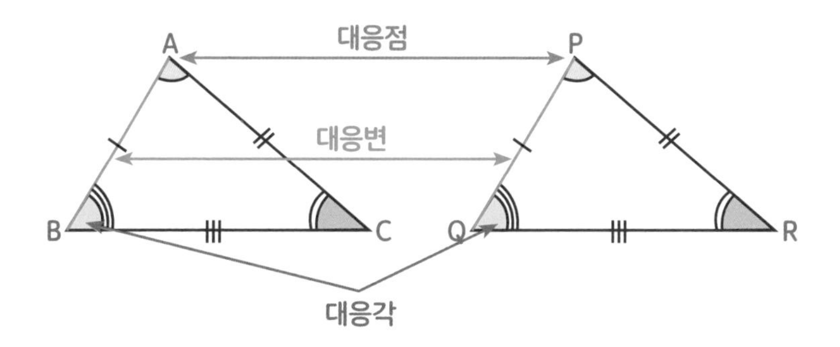

한 도형과 다른 도형이 모양과 크기가

꼭 들어맞는 것을 합동이라고 한다.

이때 이 도형들은 다른 도형에 완전히 포갤 수 있다.

기호는 ≡이다. △ABC≡△PQR

확률

Probability

어떤 사건이 일어날 가능성을 수로 나타낸 것을 확률이라고 한다. 어떤 실험이나 관찰에서 각 경우가 일어날 가능성이 같을 때, 일어날 수 있는 모든 경우의 수를 n, 사건 A가 일어나는 경우의 수를 a라고 했을 때,

$$\frac{\text{(사건 A가 일어나는 경우의 수)}}{\text{(모든 경우의 수)}} = \frac{a}{n}$$

$$\frac{⚂}{⚀\ ⚁\ ⚂\ ⚃\ ⚄\ ⚅} = \frac{1}{6}$$

June

2

삼각형의 합동 조건

Conditions for the Congruence of triangles

두 삼각형은 다음의 각 경우에 서로 합동이다.

대응하는 세 변의 길이가 각각 같을 때

(SSS 합동)

Side(변)

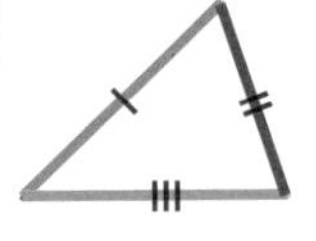

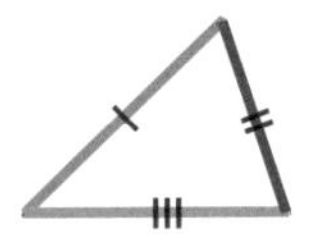

대응하는 두 변의 길이가 각각 같고,

그 끼인각의 크기가 같을 때

(SAS 합동)

대응하는 한 변의 길이가 같고,

그 양 끝 각의 크기가 각각 같을 때

(ASA 합동)

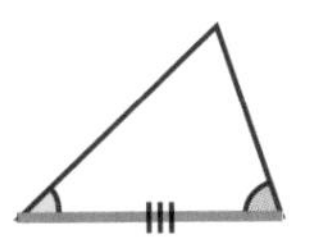

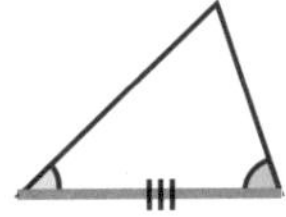

November

경우의 수: 곱의 법칙

Outcomes of events: Multiplication Rule

28

사건 A, B가 일어나는 경우의 수를 각각 a, b 라고 했을 때, 두 사건 A, B가 동시에 일어나는 경우의 수는 $a \times b$ 이다.

예) 동전 두 개를 동시에 던졌을 때 일어나는 사건의 경우의 수

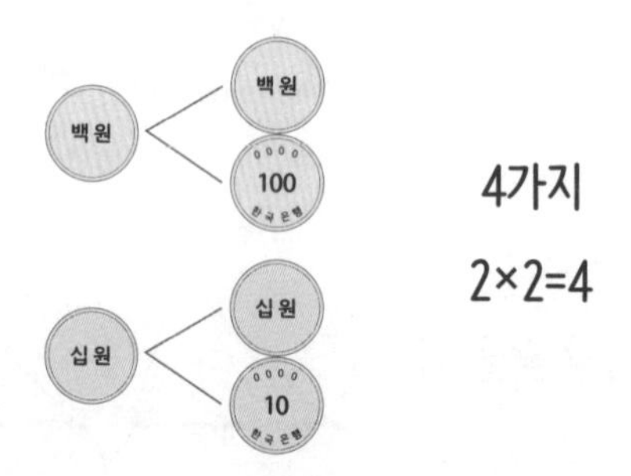

4가지

2×2=4

다각형 ①

Polygon ①

3

선분으로만 둘러싸인 평면도형을 다각형이라고 한다.

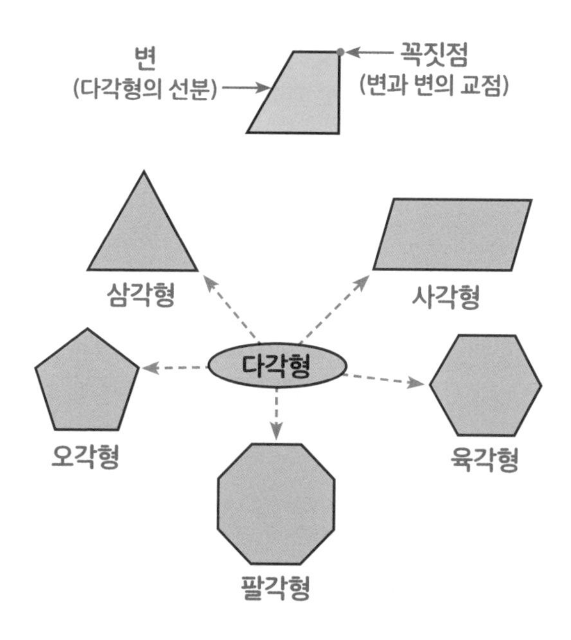

경우의 수: 합의 법칙

Outcomes of events: Addition rule

사건 A, B가 일어나는 경우의 수를 각각 a, b라고 했을 때, 두 사건 A, B가 동시에 일어나지 않을 때 사건 A 또는 사건 B가 일어나는 경우의 수는 $a+b$이다.

예) 한 개의 주사위를 던질 때 홀수 또는 6의 눈이 나오는 경우의 수

⚀, ⚂, ⚄, ⚅ ⇒ 4가지

3 + 1 ⇒ 4

June

다각형 ②

Polygon ②

4

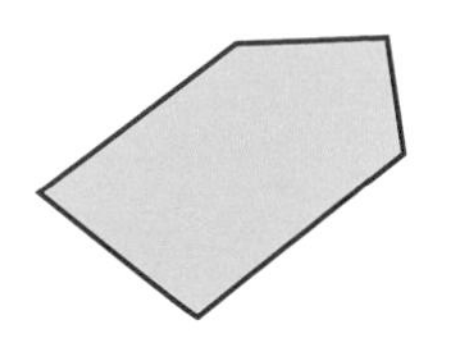

변이 모두 선분이고 이어져 있다.

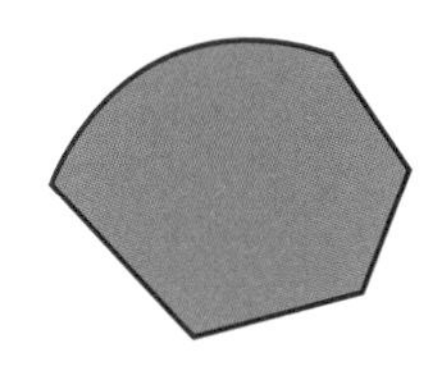

변이 곡선이다.

변이 이어져 있지 않다.

위의 도형 중 오른쪽 두 경우는 다각형이 아니다.

November

경우의 수

Number of outcomes

26

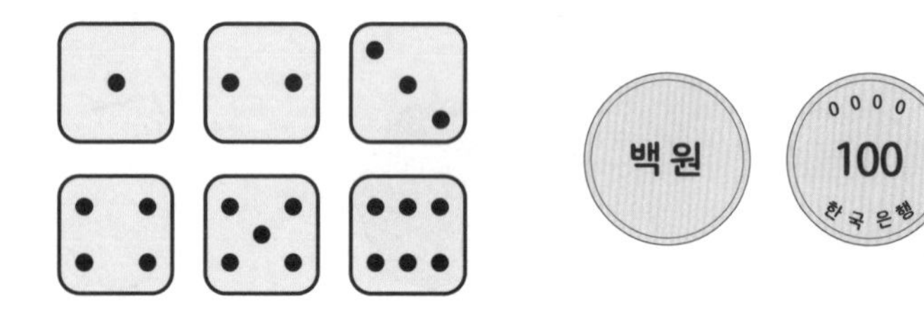

주사위를 던질 때
경우의 수
6

동전을 던질 때
경우의 수
2

사건이 일어나는 가짓수를 그 사건의 경우의 수라고 한다.

5

정다각형

Regular polygon

각의 크기가 모두 같고, 변의 길이도 모두 같은 다각형을 정다각형이라고 한다.

다각형

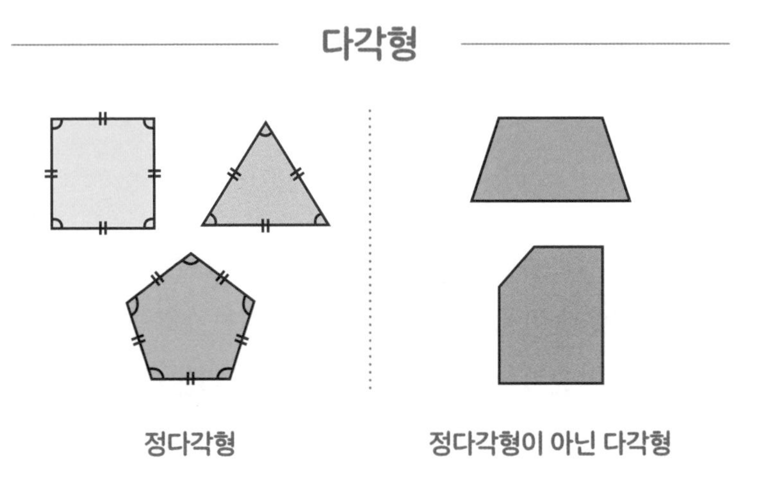

정다각형　　　정다각형이 아닌 다각형

사건
Event

같은 조건에서 여러 번 반복할 수 있는 실험이나
관찰을 통해 얻어지는 결과를 사건이라고 한다.
가령 주사위를 던질 때의 사건은

① 1의 눈이 나온다.
② 홀수인 눈이 나온다.
③ 3의 배수인 눈이 나온다.
④ 3보다 작은 수의 눈이 나온다.
⑤ 5의 약수인 눈이 나온다.
→ 이 외에도 많은 사건이 있을 수 있다.

대각선의 개수

Number of Diagonals

6

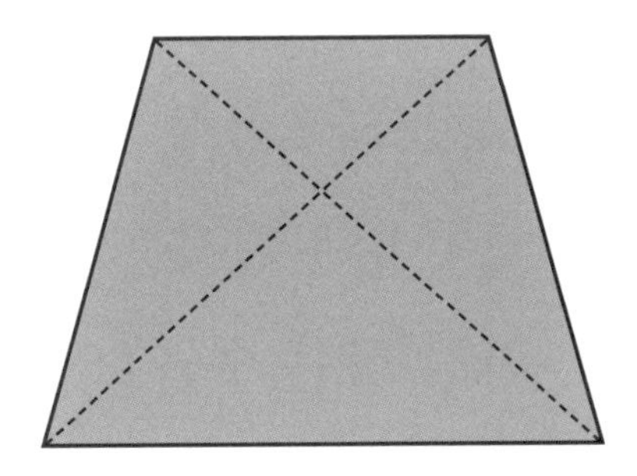

n각형의 대각선의 총 개수는

한 꼭짓점에서 그을 수 있는 대각선의 개수

꼭짓점의 개수 →

$$\frac{n(n-3)}{2}$$

← 한 대각선을 두 번씩 세었으므로 2로 나누어준다.

소소한 수학

24

1, 2, 3, 4, 5, 6, 7, 8, 9, 10으로
모두 나누어지는
가장 작은 수는?

답: 2520

내각과 외각

Internal angles and External angles

다각형에서 이웃하는 두 변으로 이루어진 각 중에서 안쪽에 있는 각을 내각이라고 한다. 다각형의 한 꼭짓점에 이웃하는 두 변 중에서 한 변과 다른 한 변의 연장선이 이루는 각을 그 내각에 대한 외각이라고 한다.

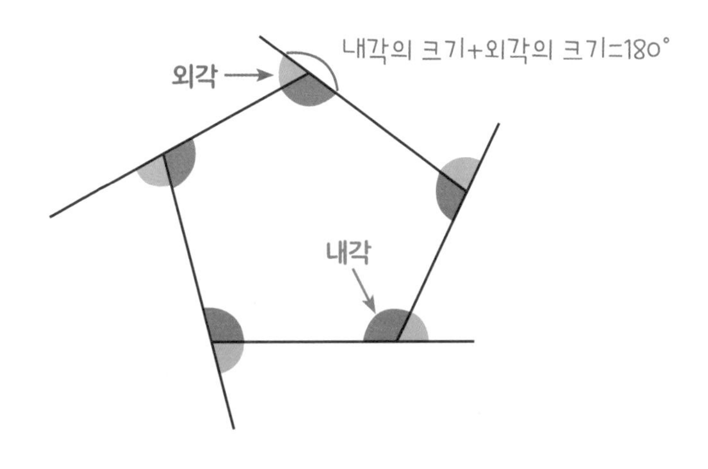

November

삼각형의 무게중심과 넓이

Areas and Centroid in a Triangle

23

1. 삼각형의 무게중심과 세 꼭짓점을 연결해서 생기는 세 삼각형의 넓이는 같다.

$\triangle GAB = \triangle GBC = \triangle GCA$
$= \frac{1}{3} \triangle ABC$

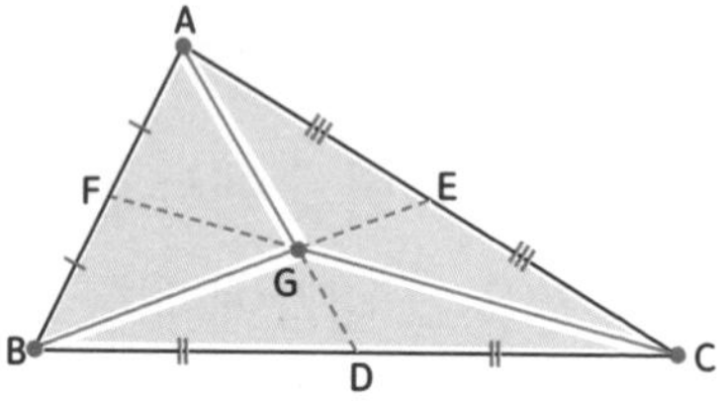

2. 세 중선으로 나뉘는 6개의 삼각형의 넓이는 모두 같다.

$\triangle GAF = \triangle GBF = \triangle GBD$
$= \triangle GCD = \triangle GCE = \triangle GAE$
$= \frac{1}{6} \triangle ABC$

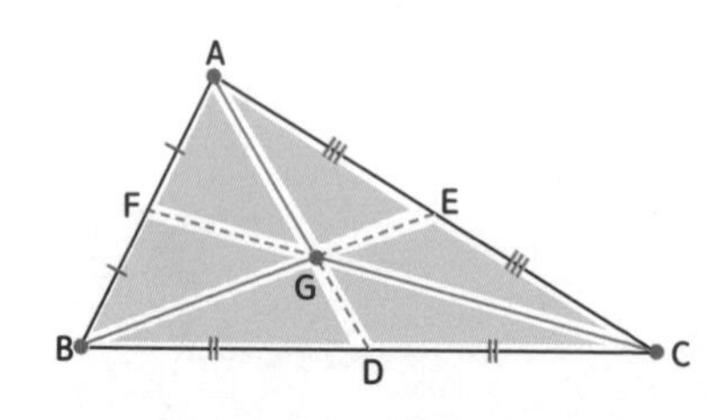

삼각형의 내각과 외각

Interior and exterior angles of Triangles

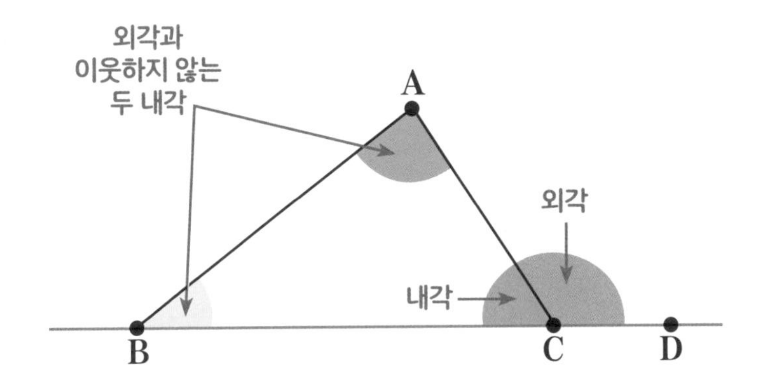

1. 세 내각의 크기의 합은 180도이다.

$$\angle A + \angle B + \angle C = 180°$$

2. 한 외각의 크기는 그와 이웃하지 않는 두 내각의 크기의 합과 같다.

$$\angle ACD = \angle A + \angle B$$

삼각형의 무게중심

Centroid of a Triangle

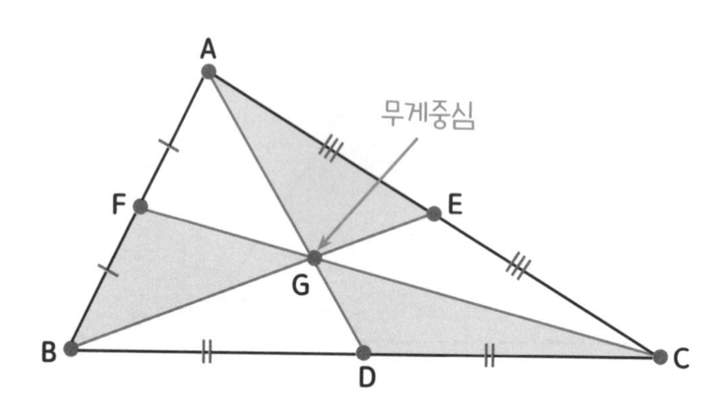

삼각형의 세 중선은 한 점(무게중심)에서 만나고, 이 점은 세 중선의 길이를 각 꼭짓점으로부터 각각 2:1로 나눈다.

$$\overline{AG} : \overline{GD} = \overline{BG} : \overline{GE} = \overline{CG} : \overline{GF} = 2:1$$

다각형의 내각의 합
Sum of Interior angles of a Polygon

9

n각형의 한 꼭짓점에서

대각선을 모두 그어 만들어지는

삼각형의 개수는

$(n-2)$개

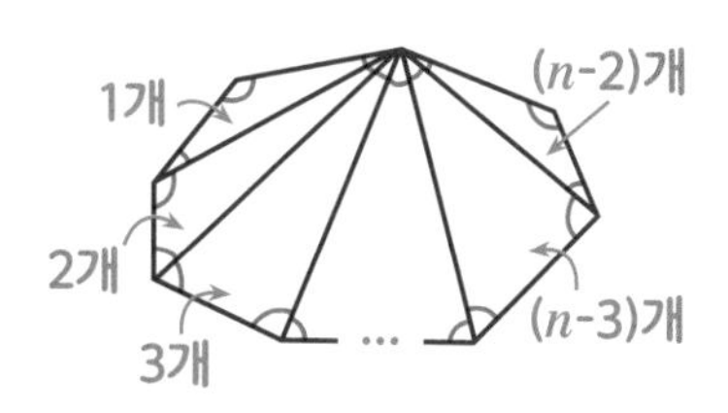

$(n-2)$개의 삼각형의 내각이

모두 모여 n각형의 내각이 되므로

n각형의 내각의 크기의 합은

$180° \times (n-2)$

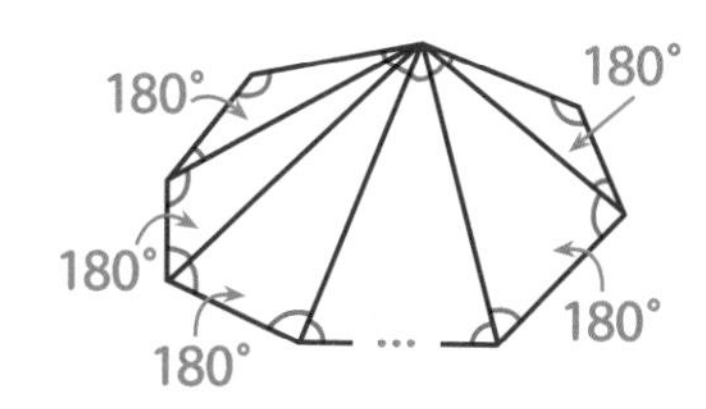

삼각형의 중선의 성질

Property of the Median of a triangle

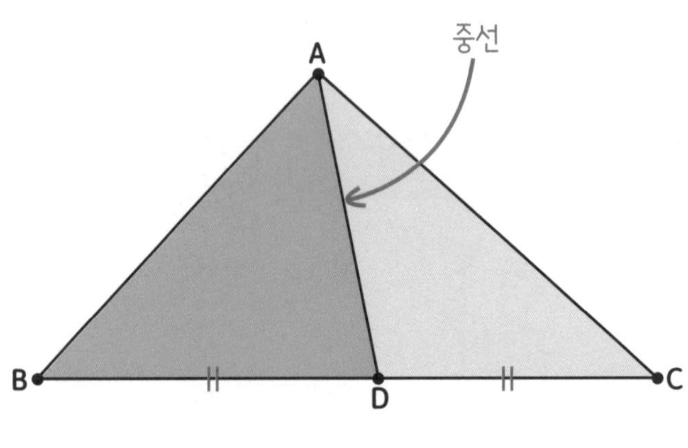

$$\triangle ABD = \triangle ACD = \frac{1}{2}\triangle ABC$$

중선은 삼각형의 넓이를 이등분한다.

다각형의 외각의 합

Sum of Exterior angles of a Polygon

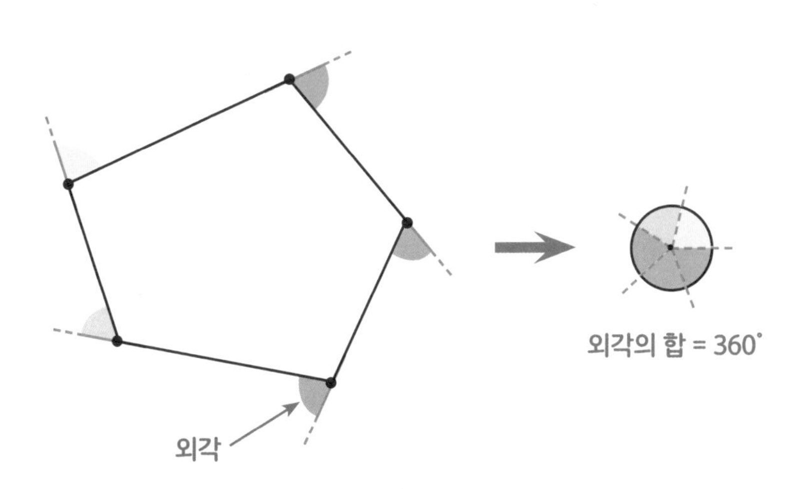

다각형의 외각의 크기의 합은 360°이다.

삼각형의 중선

Medians of a Triangle

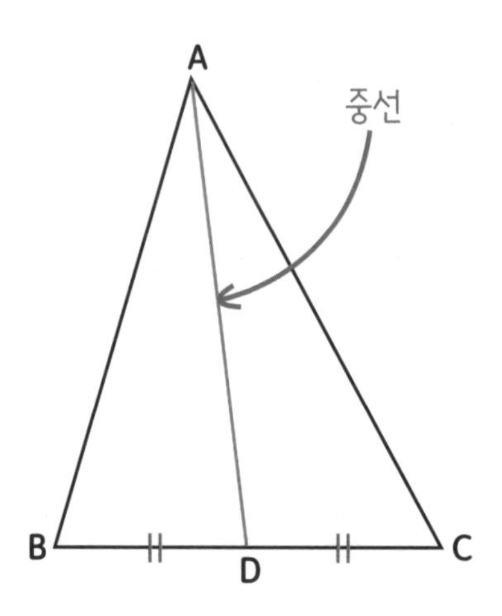

삼각형의 한 꼭짓점과 그 대변의 중점을 이은 선분을

그 삼각형의 중선이라고 한다.

June

정다각형에서 한 내각의 크기

Size of an Interior angle of a Regular polygon

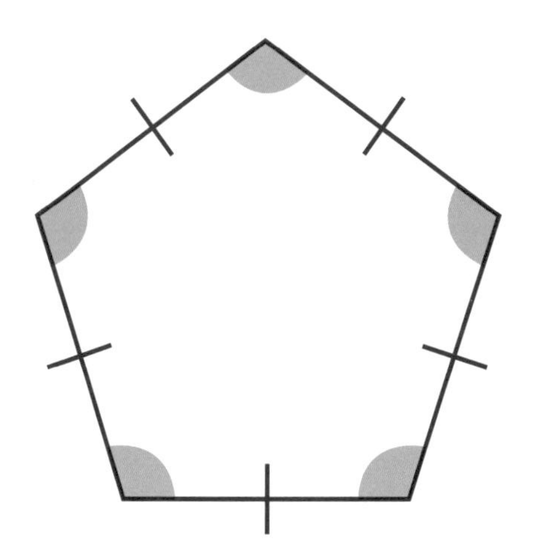

$$\frac{(n-2)\times180^\circ}{n}$$

평행선 사이에 있는 선분의 길이의 비

Ratio of lengths of line segments between Parallel lines

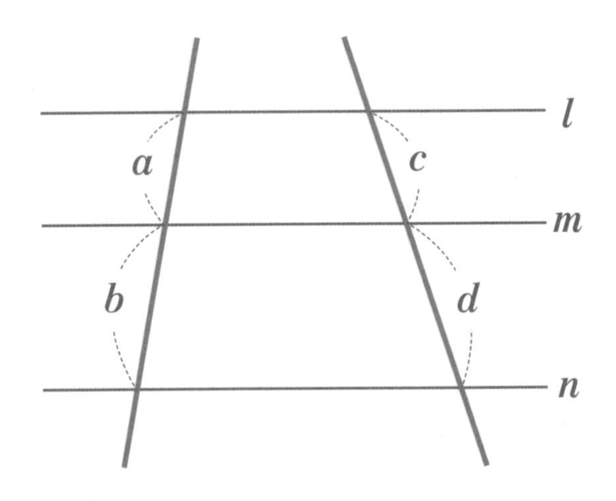

세 개의 평행선이 다른 두 직선과 만나서 생긴

선분의 길이의 비는 같다.

즉 $l /\!/ m /\!/ n$이면 $a:b=c:d$이다.

정다각형에서 한 외각의 크기

Size of an Exterior angle of a regular polygon

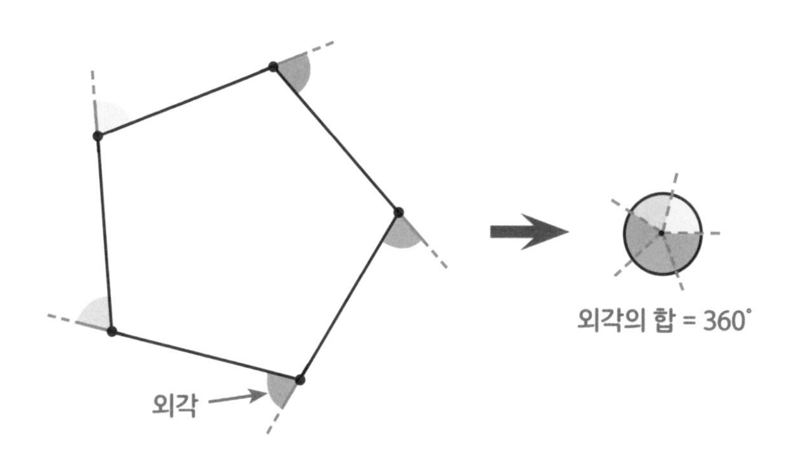

$$\frac{360^\circ}{n}$$

November

18

삼각형의 각의 이등분선

Angle bisectors in a Triangle

1.내각의 이등분선

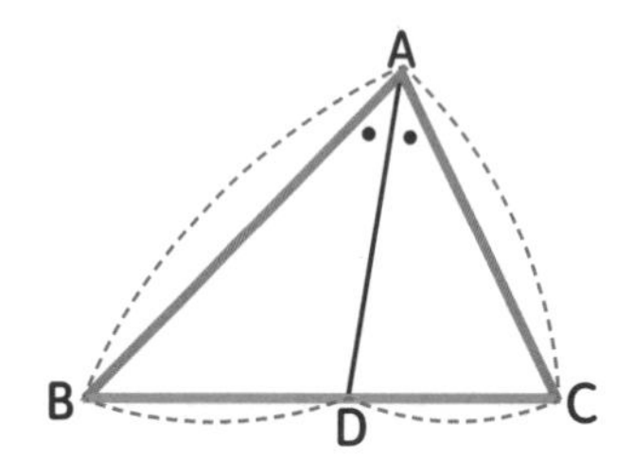

$\triangle ABC$에서 $\angle A$의 이등분선이 밑변과 만나는 점을 D라 하면

$$\overline{AB}:\overline{AC}=\overline{BD}:\overline{CD}$$

2. 외각의 이등분선

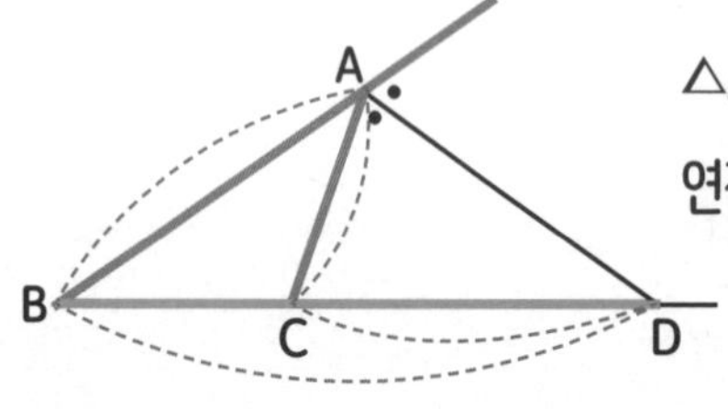

$\triangle ABC$에서 $\angle A$의 외각이 변BC의 연장선과 만나는 점을 D라 하면

$$\overline{AB}:\overline{AC}=\overline{BD}:\overline{CD}$$

다각형의 내각의 크기의 합 + 외각의 크기의 합

Sum of Interior angles +
Sum of Exterior angle in a polygon

다각형	변	내각의 합	정다각형의 한 내각의 합	외각의 합
삼각형	3	180˚	(정삼각형) 60˚	360˚
사각형	4	360˚	(정사각형) 90˚	360˚
오각형	5	540˚	(정오각형) 108˚	360˚
육각형	6	720˚	(정육각형) 120˚	360˚
…				
n각형	n	$(n-2)\times180^\circ$	$\frac{(n-2)\times180^\circ}{n}$	360˚

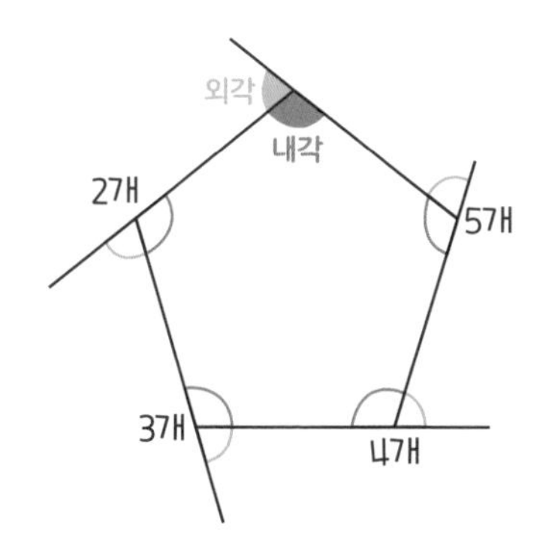

n각형의 한 꼭짓점에서 내각과 외곽의 크기의 합은 180°이다. 그러므로 n각형에서 (내각의 크기의 합) + (외각의 크기의 합) = $180^\circ \times n$

삼각형에서 평행선

Parallel lines in a Triangle

$\triangle$ABC에서 변 AB, AC 또는 그 연장성 위에 각각 점 D, E가 있을 때 BC // DE이면

① $\overline{AB}:\overline{AD} = \overline{AC}:\overline{AE} = \overline{BC}:\overline{DE}$

② $\overline{AD}:\overline{DB} = \overline{AE}:\overline{EC}$

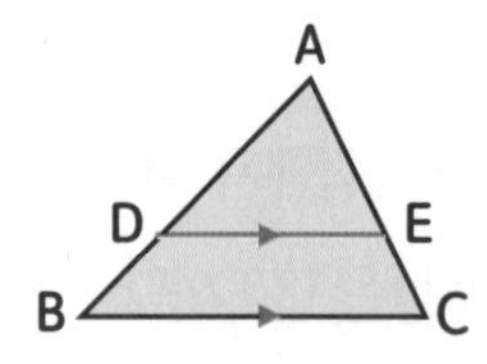

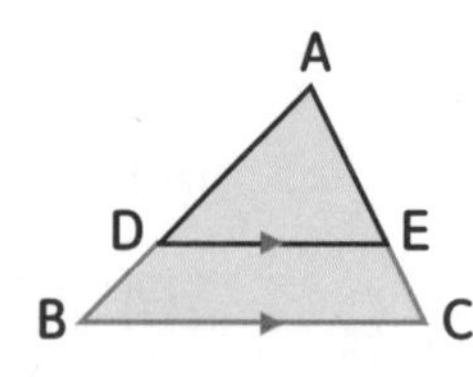

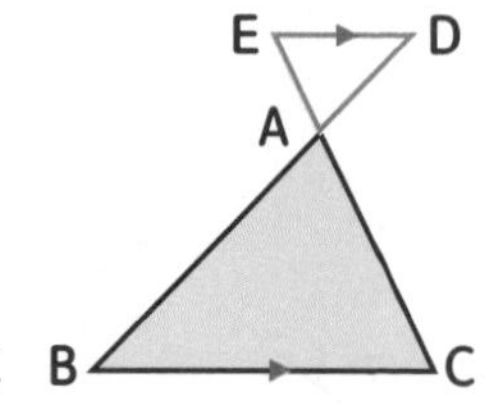

역으로 $\overline{AB}:\overline{AD}=\overline{AC}:\overline{AE}=\overline{BC}:\overline{DE}$ 또는 $\overline{AD}:\overline{DB}=\overline{AE}:\overline{EC}$이면 BC // DE이다.

June

14

원

Circle

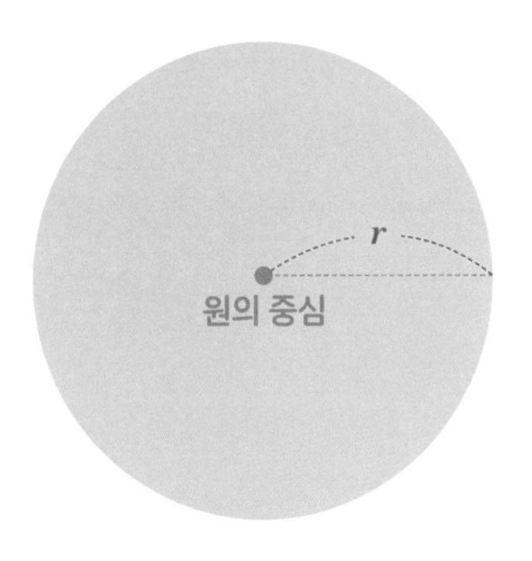

한 점으로부터 일정한 거리에 있는 모든 점들로 이루어진 도형을 원이라고 한다. 원의 중심에서 원 위의 한 점을 이은 선분을 원의 반지름이라고 한다.

때로는 이 선분의 길이를 반지름이라고 부르기도 한다.

복습!
Brush up on!

~ 삼각형의 닮음 조건 ~

$\triangle ABC \backsim \triangle A'B'C'$

SSS 닮음

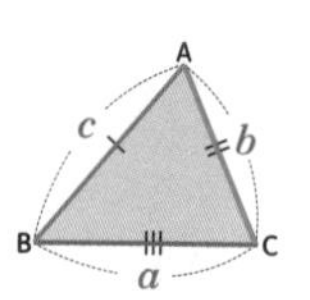

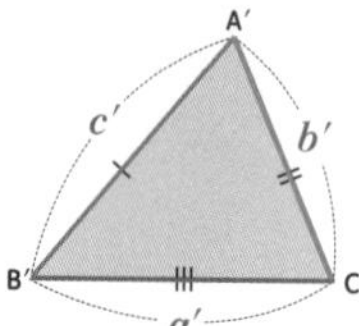

SAS 닮음

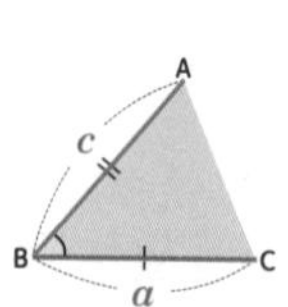

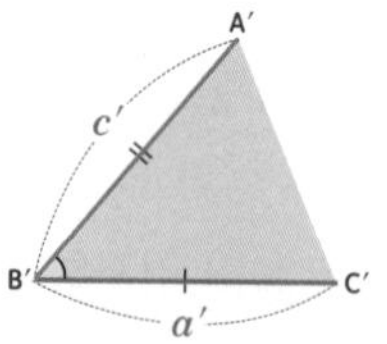

AA 닮음

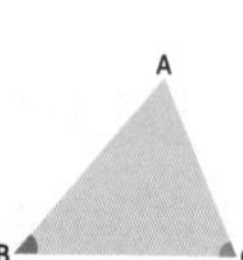

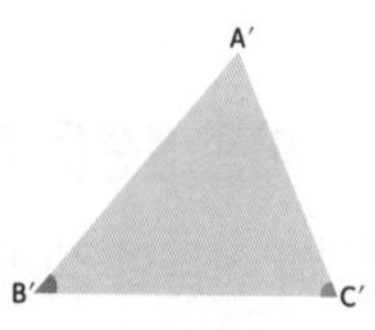

June

호
Arc

15

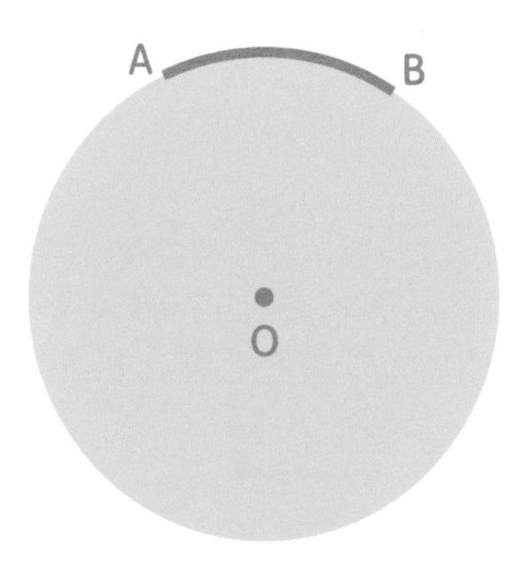

원 위에 있는 두 점을 원둘레를 따라 이은 선을 호라고 한다.

삼각형의 닮음 조건 ③

Conditions for Similar triangles ③

~ AA 닮음 ~

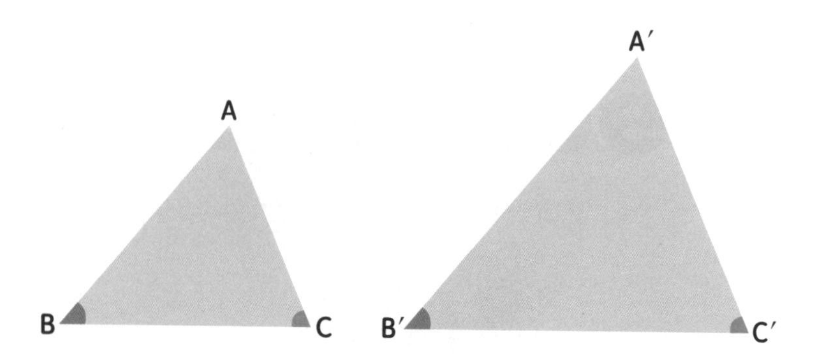

두 쌍의 대응각의 크기가 각각 같을 때

$\angle B = \angle B'$, $\angle C = \angle C'$

호를 나타내는 기호

Symbol of arc

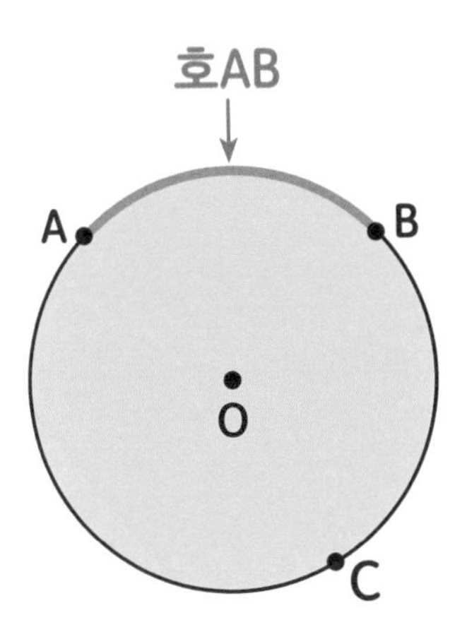

양 끝점이 A,B인 호를 호AB라 하고, 기호 $\widehat{AB}$로 나타낸다.

일반적으로 $\widehat{AB}$는 길이가 짧은 쪽의 호를 나타내고,

길이가 긴 쪽의 호를 나타낼 때는 그 호 위의 한 점

C를 잡아 $\widehat{ACB}$로 나타낸다.

삼각형의 닮음 조건 ②

Conditions for Similar triangles ②

~ SAS 닮음 ~

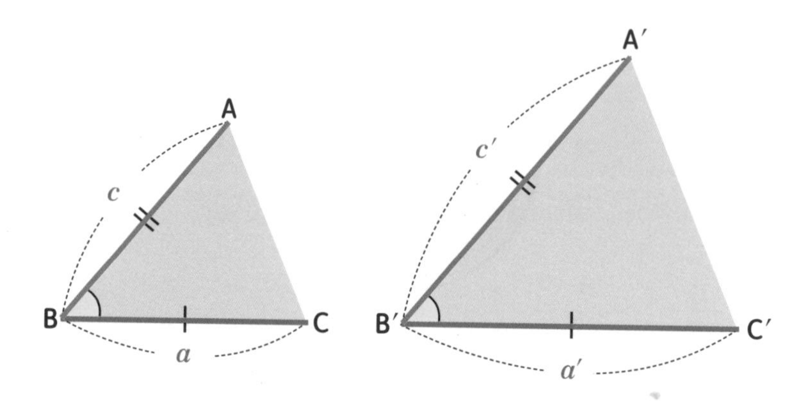

두 쌍의 대응변의 길이의 비가 같고, 끼인각의 크기가 같을 때

$a:a'=c:c',\ \angle B=\angle B'$

June

현

Chord

17

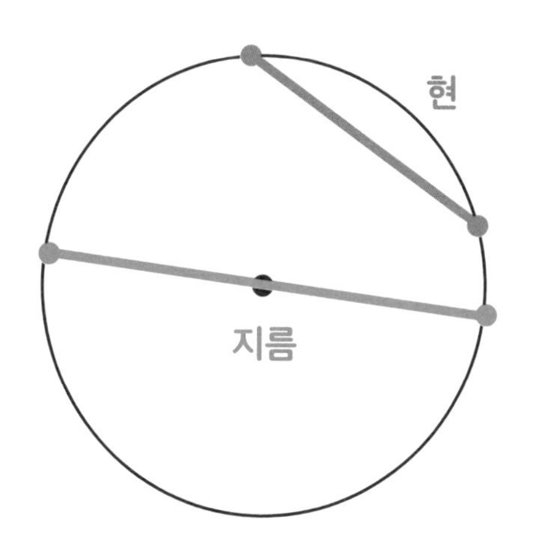

원 위의 두 점을 이은 선분을 현이라고 한다.

원의 지름은 원의 중심을 지나는 현이다.

삼각형의 닮음 조건 ①

Conditions for Similar triangles ①

~ SSS 닮음 ~

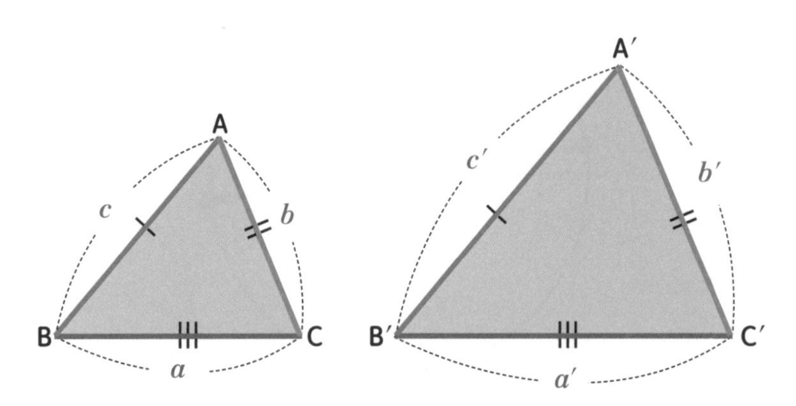

세 쌍의 대응변의 길이의 비가 같을 때

$$a:a' = b:b' = c:c'$$

부채꼴

Circular sector

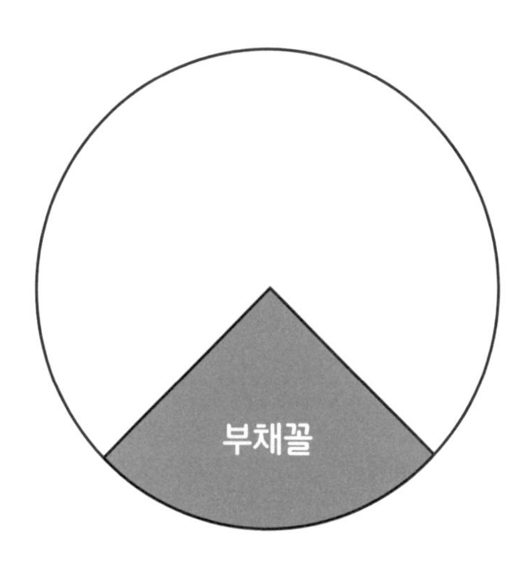

원에서 하나의 호와 두 개의 반지름으로

둘러싸인 도형을 부채꼴이라고 한다.

닮은 입체도형의 부피의 비

Ratio of volumes in Similar solid figures

12

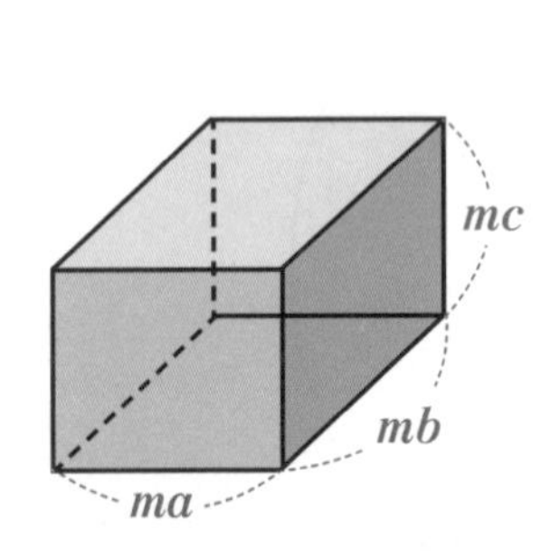

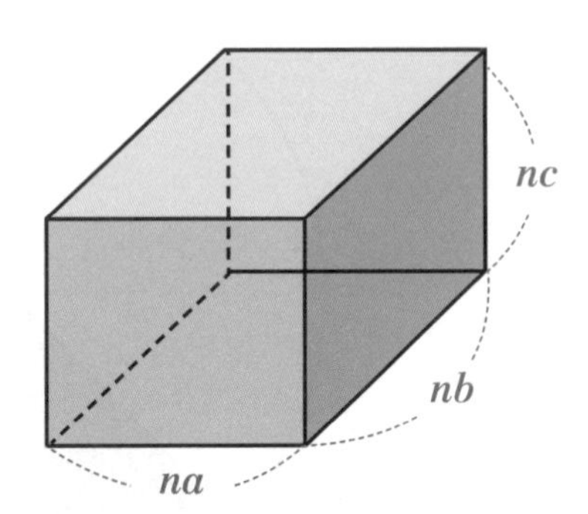

서로 닮은 두 입체도형의 닮음비가 $m:n$이면

부피의 비는 $m^3:n^3$이다.

부채꼴의 중심각
Central angle of a Circular sector

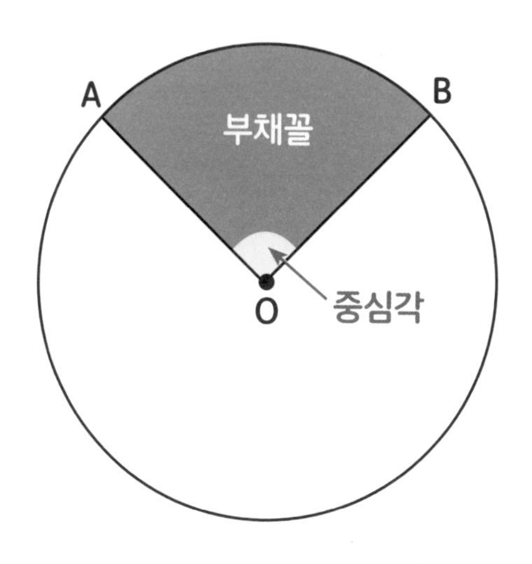

호 AB에 대한 중심각 = $\angle AOB$

$\angle AOB$에 대한 호 = $\overparen{AB}$

닮은 평면도형의 넓이의 비

Ratio of Areas of Similar Plane Figures

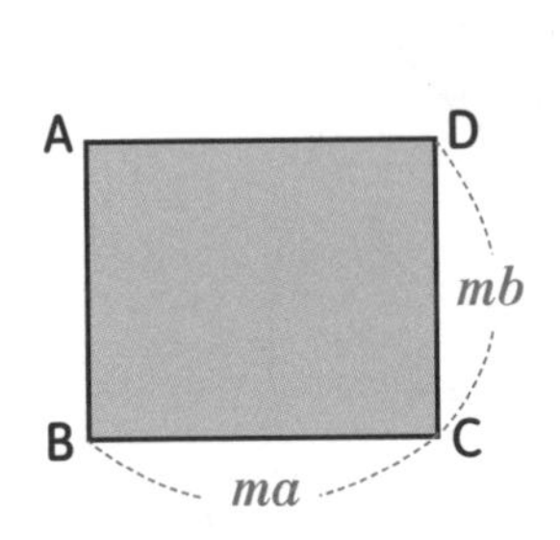

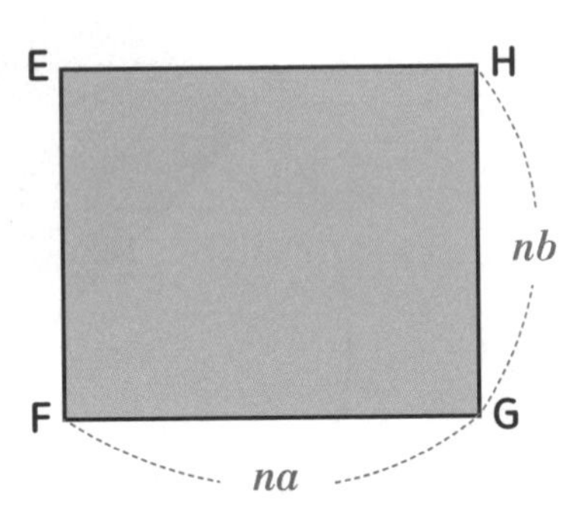

서로 닮은 두 평면도형의 닮음비가 m:n이면

넓이의 비는 m^2: n^2이다.

할선

Secant

20

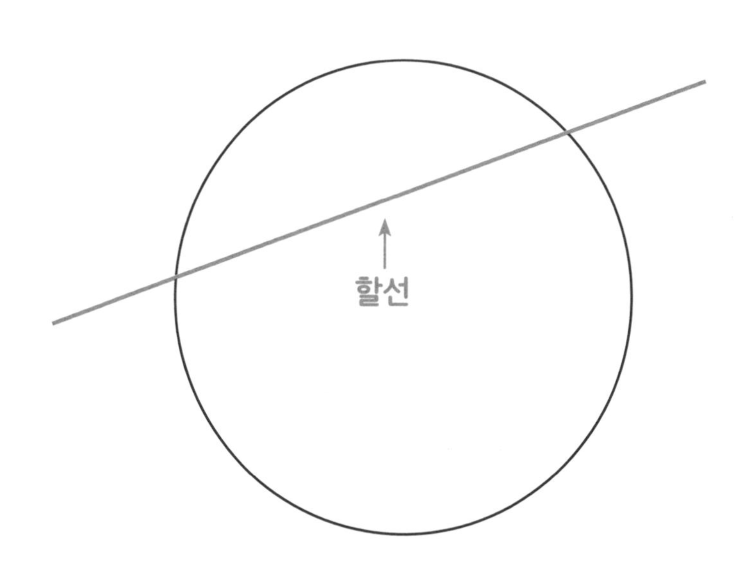

원 위의 두 점을 지나며 원을 자르는 직선을 할선이라고 한다.

입체도형의 닮음

Similarity of solid figures

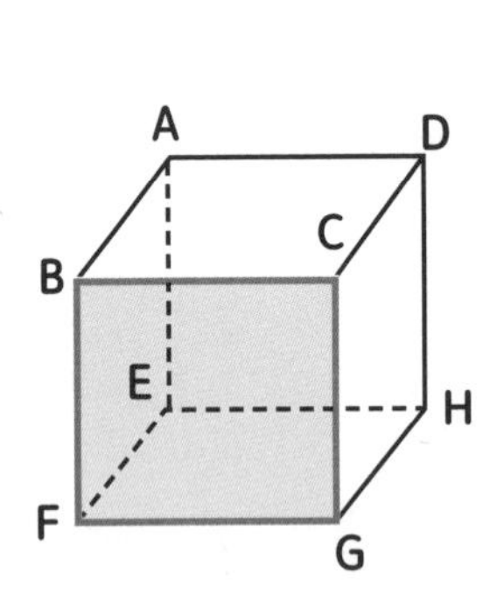

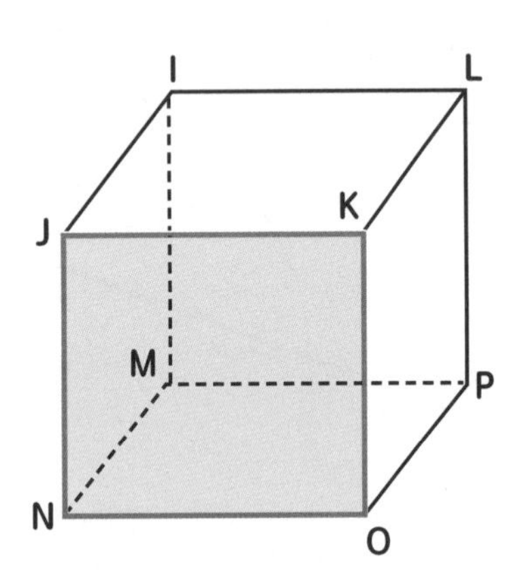

1. 대응하는 모서리의 길이비는 항상 일정하다.

2. 대응하는 면은 닮음도형이다.

21

활꼴
Circular segment

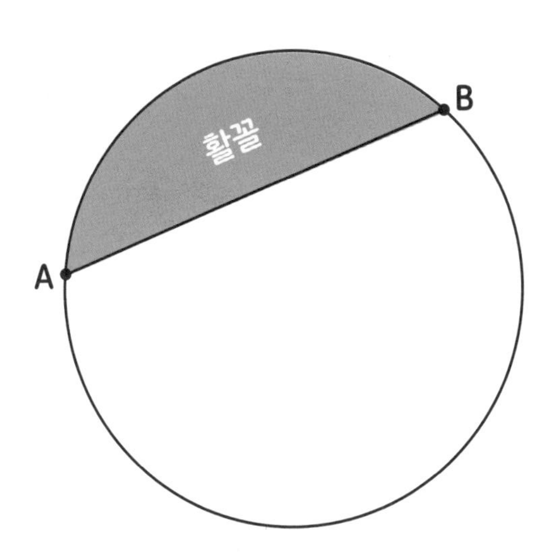

원에서 호와 현으로 둘러싸인 도형을 활꼴이라고 한다.

항상 닮음인 도형

Shapes that are always similar

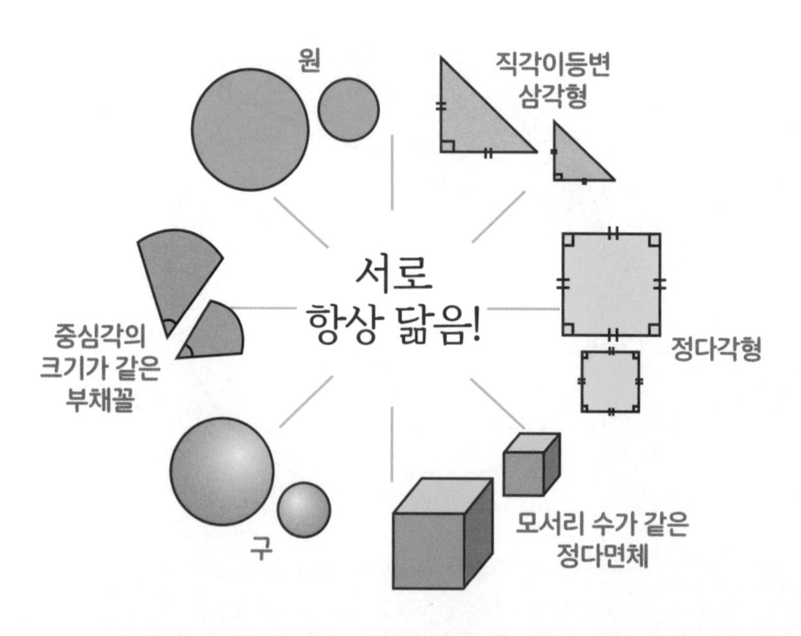

22

복습!

Brush up on!

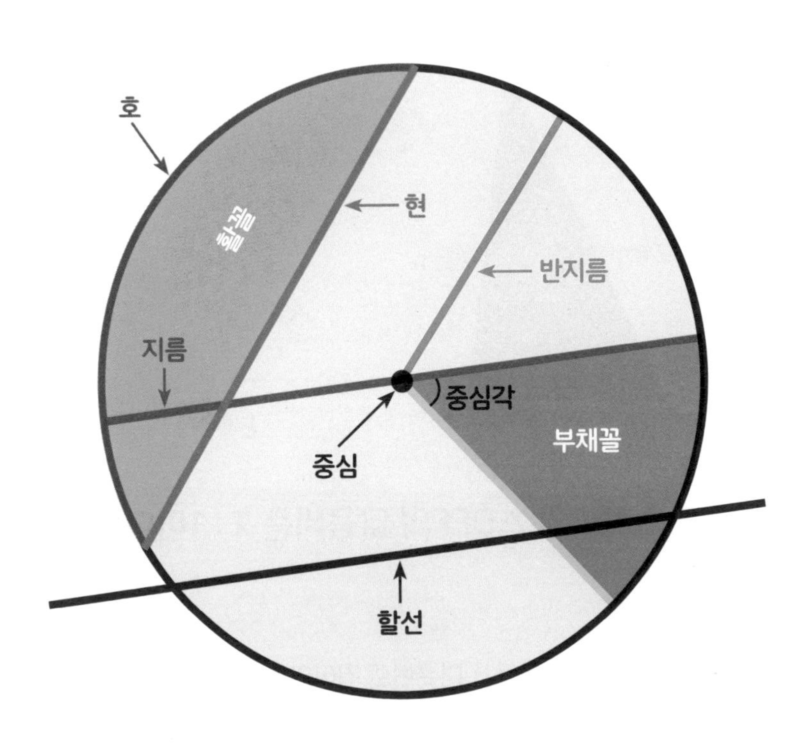

닮음비

Ratio of similitude

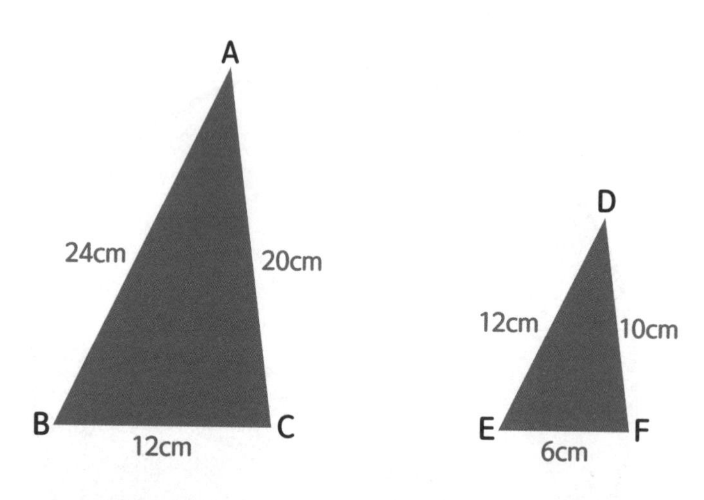

△ABC와 △DEF의 닮음비는 2 : 1이다.

서로 닮은 두 다각형에서 대응변의 길이의 비를 닮음비라고 한다.

부채꼴의 성질
Properties of Circular segments

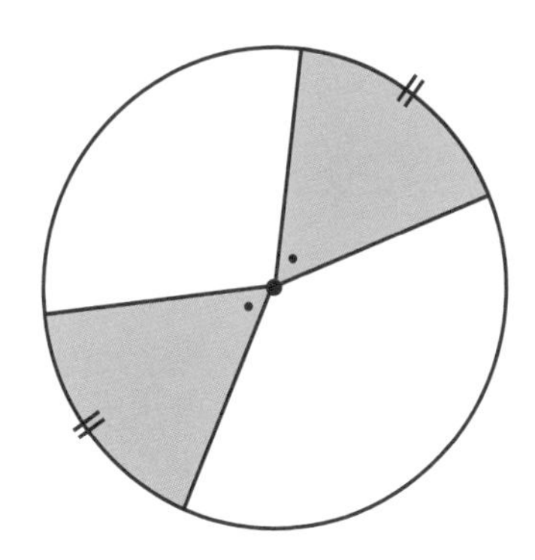

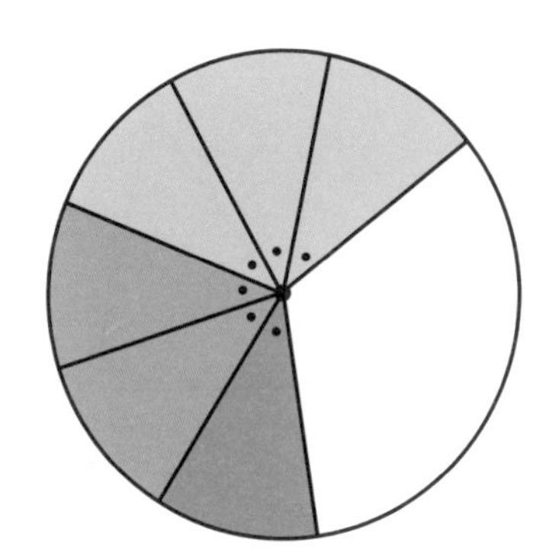

한 원 또는 합동인 두 원에서

1. 중심각의 크기가 같은 두 부채꼴의 호의 길이와 넓이는 각각 같다.
2. 부채꼴의 호의 길이와 넓이는 각각 중심각의 크기에 정비례한다.

November

평면도형의 닮음
Similarity of plane figures

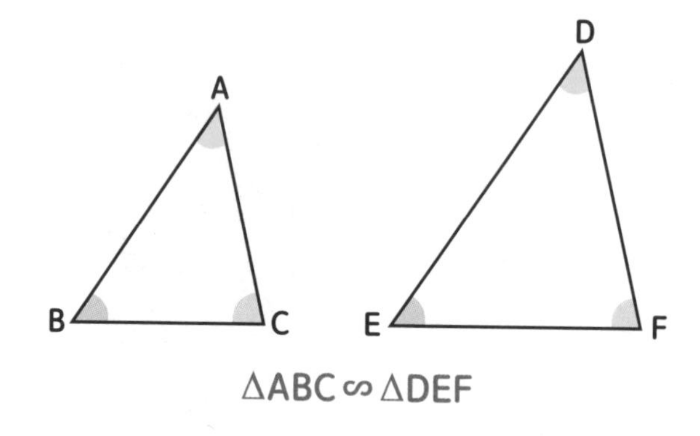

$\triangle ABC \backsim \triangle DEF$

1. 대응변의 길이비가 일정하다.

$\overline{AB}:\overline{DE} = \overline{BC}:\overline{EF} = \overline{AC}:\overline{DF}$

2. 대응각의 크기가 각각 같다.

$\angle A=\angle D,\ \angle B=\angle E,\ \angle C=\angle F$

June

24

원주율

Pi

원의 지름에 대한 둘레의 비의 값

즉 $\dfrac{(\text{원의 둘레의 길이})}{(\text{원의 지름의 길이})}$를

원주율이라고 한다.

기호는 π로 나타낸다.

$$\pi = 3.1415926535....$$

닮은 도형

Similar shapes

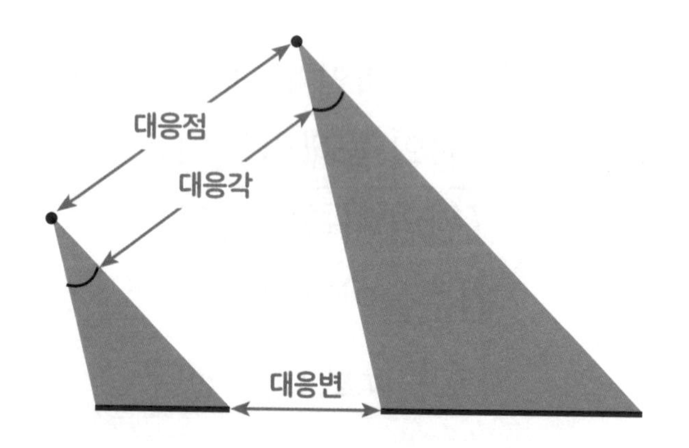

한 도형을 일정한 비율로 확대하거나 축소해서 얻은 도형이 다른 도형과 서로 합동일 때, 이 두 도형을 서로 닮음인 관계에 있다고 한다. 이런 관계에 있는 두 도형을 닮은 도형이라고 한다.

원의 둘레 길이
Length of the Circumference

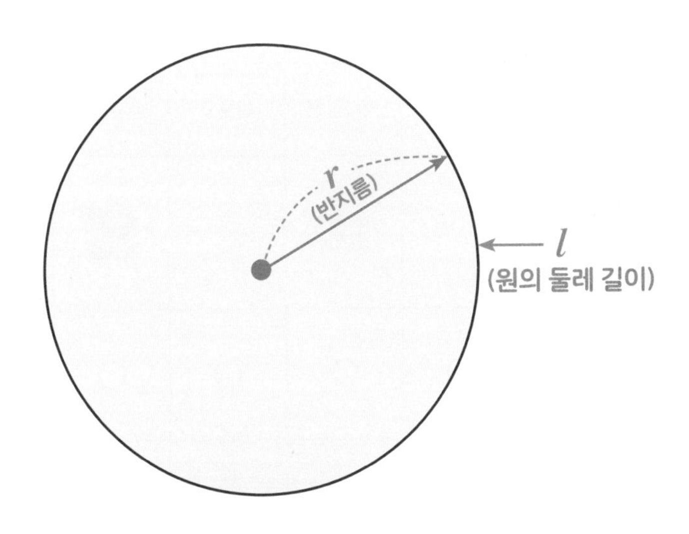

$$l = 2\pi r$$

여러 사각형의 대각선의 성질

Properties of diagonals in Various squares

5

성질	평행사변형	직사각형	마름모	정사각형	등변 사다리꼴
두 대각선이 서로 다른 것을 이등분한다.	○	○	○	○	X
두 대각선의 길이가 같다.	X	○	X	○	○
두 대각선이 서로 수직이다.	X	X	○	○	X

원의 넓이
Area of a Circle

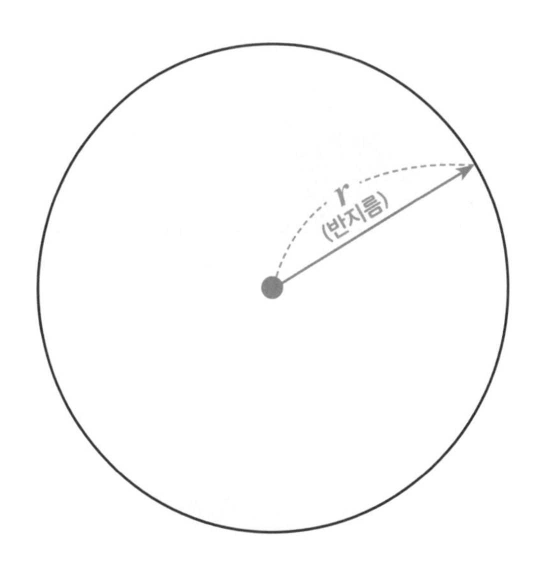

$$S = \pi r^2$$

삼각형의 넓이와 평행선

Areas of a triangle on Parallel Lines

4

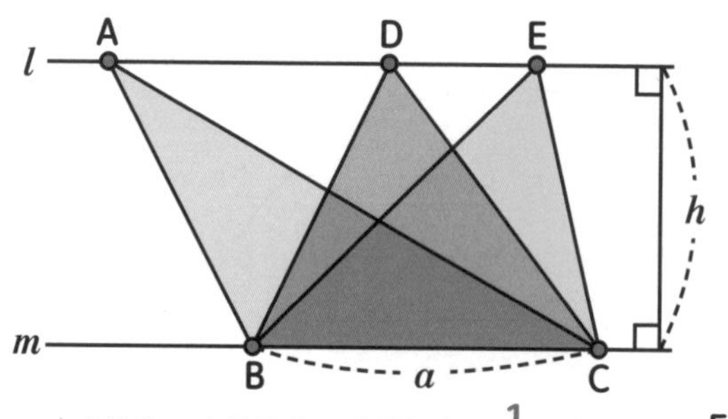

$\triangle ABC = \triangle DBC = \triangle EBC = \frac{1}{2}ah$

같은 평행선

사이에 있고

밑변이 공통인

삼각형은 모양이

달라도 넓이는 같다.

높이가 같은

두 삼각형의

넓이의 비는

밑변의 길이의

비와 같다.

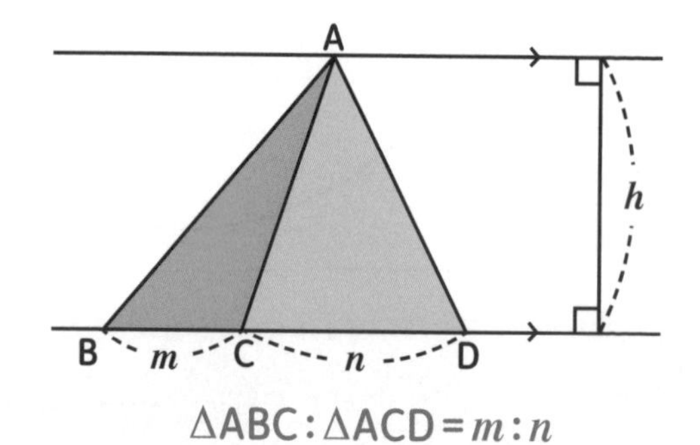

$\triangle ABC : \triangle ACD = m : n$

호의 길이
Length of an Arc

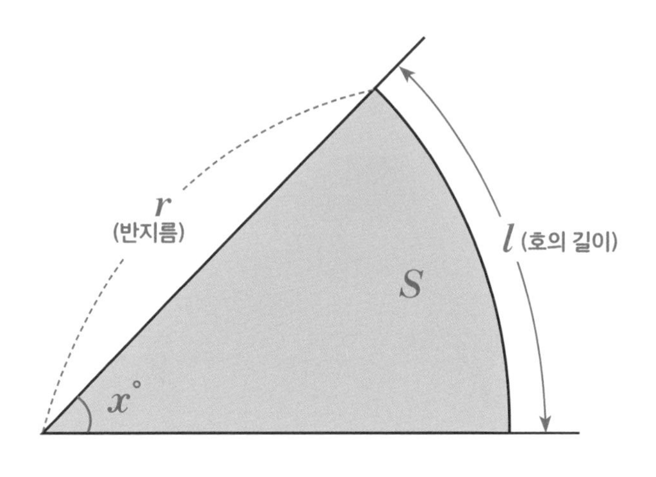

$$l = 2\pi r \times \frac{x}{360}$$

November

여러 가지 사각형의 포함관계

Inclusion relations between Quadrilaterals

3

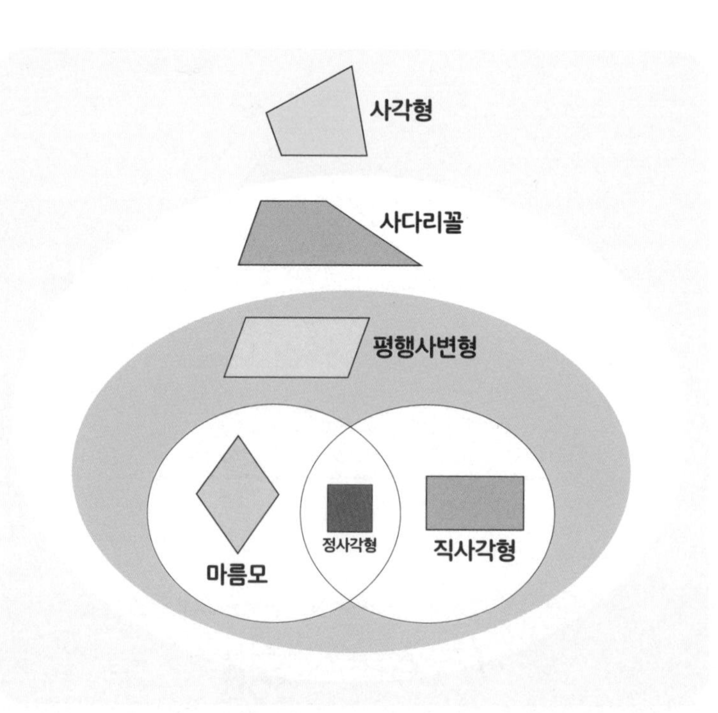

부채꼴의 넓이 ①

Area of a Circle sector ①

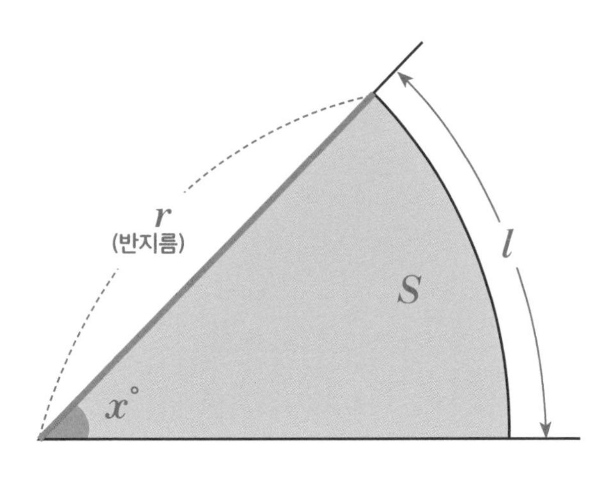

$$S=\pi r^2\times\frac{x}{360}$$

사각형의 종류

Types of Quadrilaterals

2

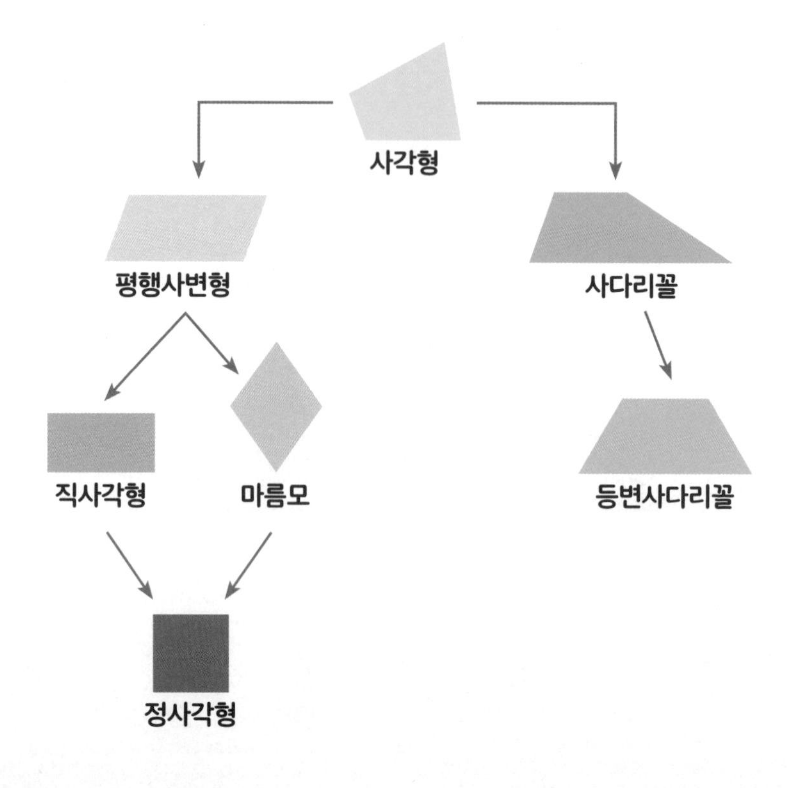

부채꼴의 넓이 ②

Area of a Circle sector ②

부채꼴의 반지름의 길이와
호의 길이를 알 때 부채꼴의 넓이는

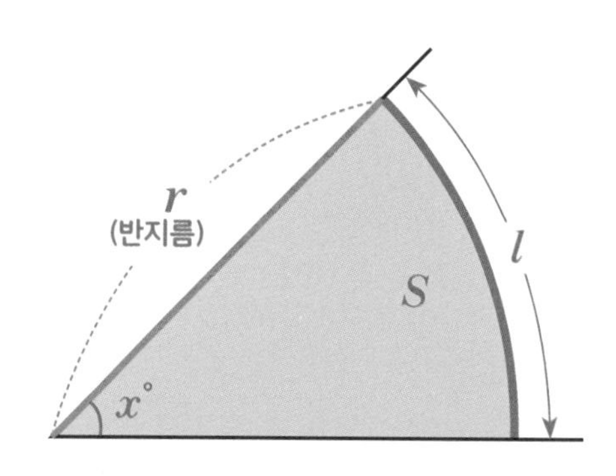

$$S=\pi r^2\times\frac{x}{360}=\frac{1}{2}\times\underbrace{\left(2\pi r\times\frac{x}{360}\right)}_{\text{호의 길이}}\times r$$

$$=\frac{1}{2}lr$$

복습!
Brush up on!

1

~ 여러 사각형과 대각선 ~

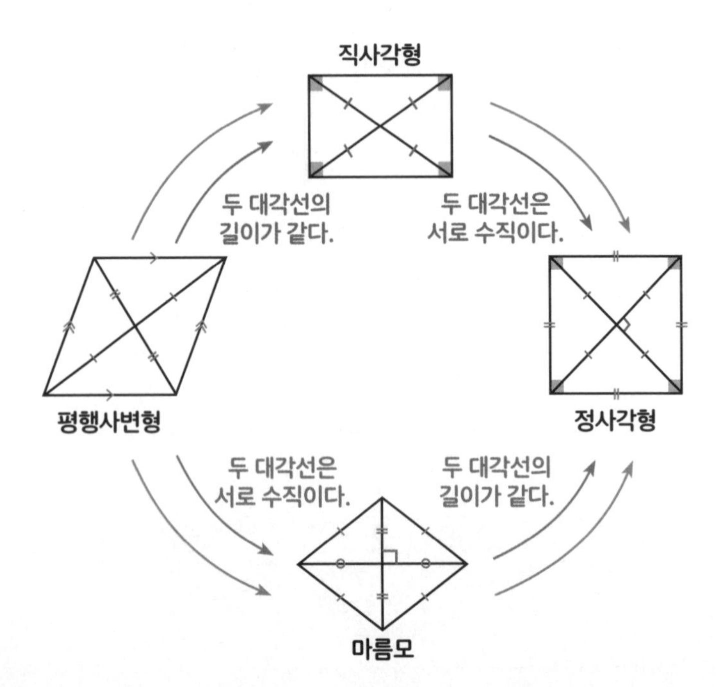

June

30

다면체

Polyhedron

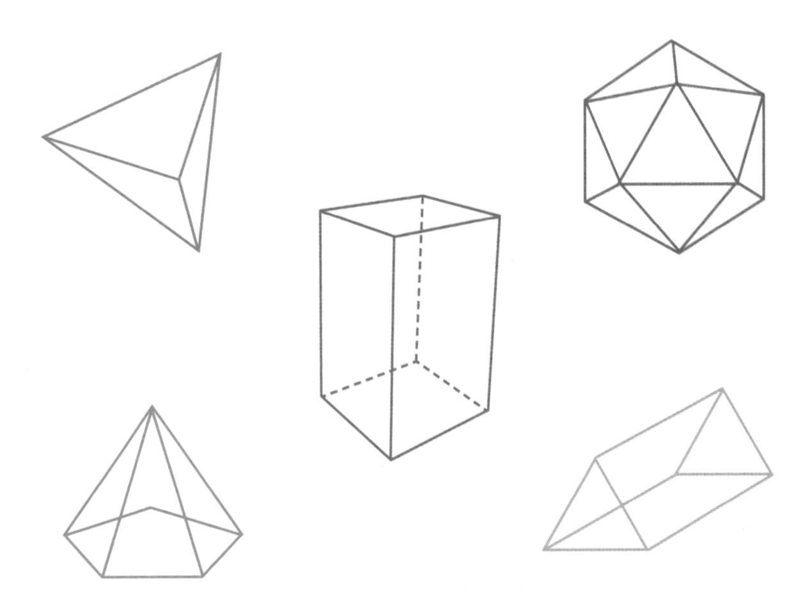

다각형인 면으로만 둘러싸인 입체도형을 다면체라고 한다.

· 11월에 배울 수학 개념 ·

복습!*
사각형의 종류
여러 가지 사각형의 포함관계
삼각형의 넓이와 평행선
여러 사각형의 대각선의 성질
닮은 도형
평면도형의 닮음
닮음비
항상 닮음인 도형
입체도형의 닮음
닮은 평면도형의 넓이의 비
닮은 입체도형의 부피의 비
삼각형의 닮음 조건 ①
삼각형의 닮음 조건 ②
삼각형의 닮음 조건 ③

복습!*
삼각형에서 평행선
삼각형의 각의 이등분선
평행선 사이에 있는 선분의 길이의 비
삼각형의 중선
삼각형의 중선의 성질
삼각형의 무게중심
삼각형의 무게중심과 넓이
소소한 수학*
사건
경우의 수
경우의 수: 합의 법칙
경우의 수: 곱의 법칙
확률
확률의 성질 ①

7

July

어떻게 놀아야 훌륭한 방학이 될까?

11

November

빼빼로를 최대 몇 개 먹을 수 있는지 구하세요. (11점)

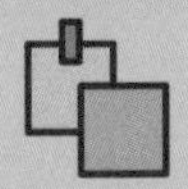

· 7월에 배울 수학 개념 ·

등변사다리꼴의 성질

Properties of a Isosceles trapezoid

31

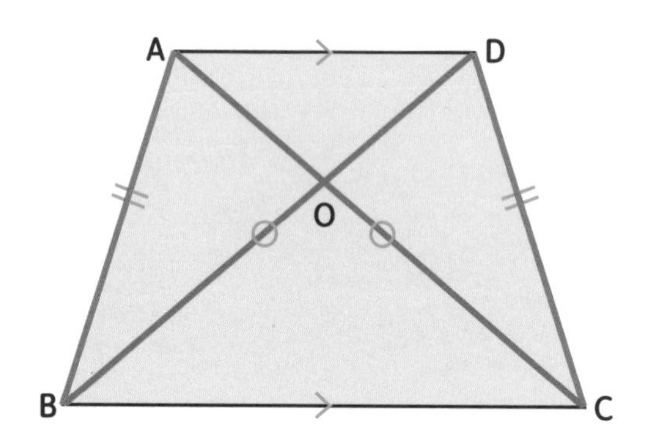

평행하지 않은 한 쌍의 대변의 길이가 같고,

두 대각선의 길이가 같다.

→ $\overline{AB} = \overline{DC}$, $\overline{AC} = \overline{BD}$

→ $\overline{AO} = \overline{DO}$, $\overline{BO} = \overline{CO}$

다면체의 부분
Parts of the Polyhedron

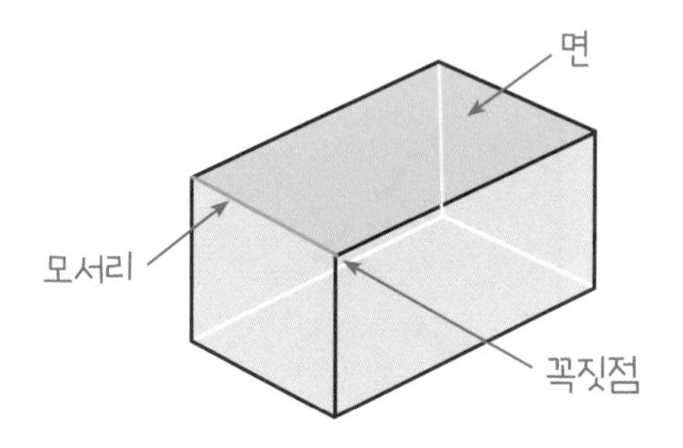

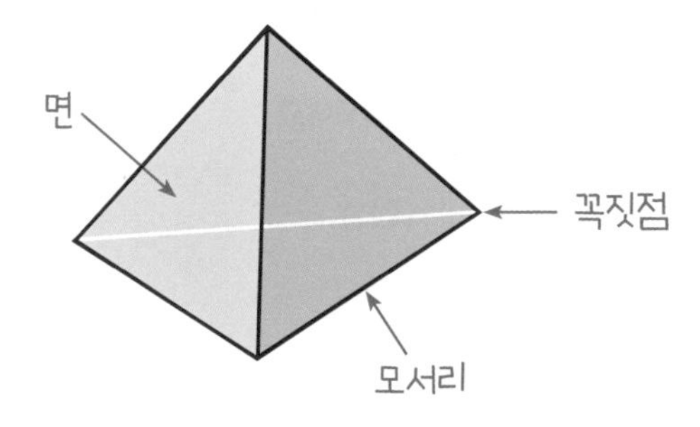

정사각형의 성질

Properties of a Square

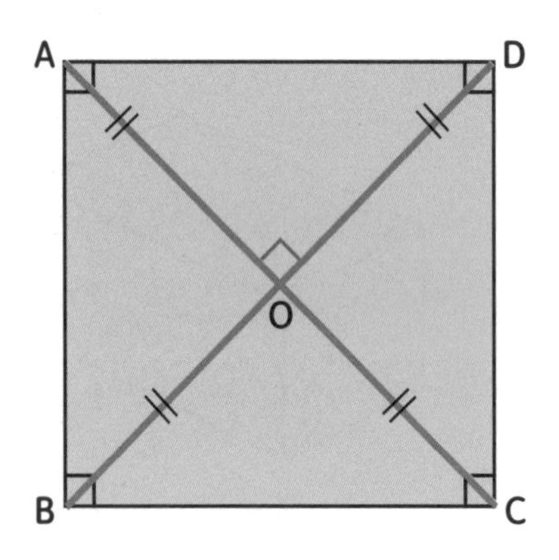

정사각형의 두 대각선은 길이가 같고,

서로 다른 대각선을 수직이등분한다.

→ $\overline{AC} = \overline{BD}$,

→ $\overline{AO} = \overline{BO} = \overline{CO} = \overline{DO}$, $\overline{AC} \perp \overline{BD}$

각기둥

Prism

2

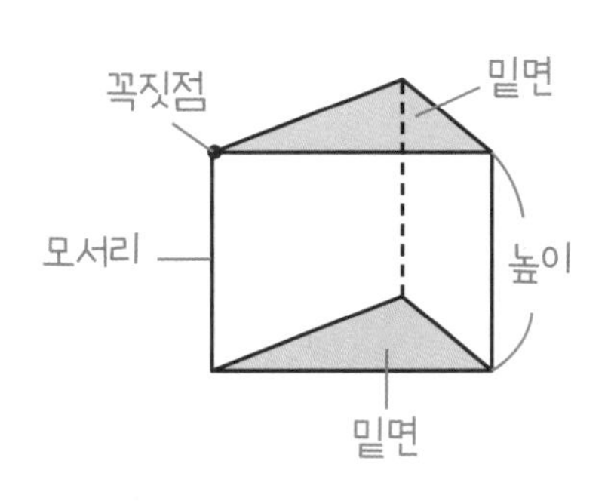

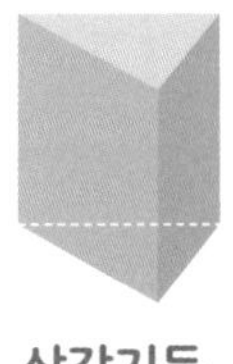

삼각기둥

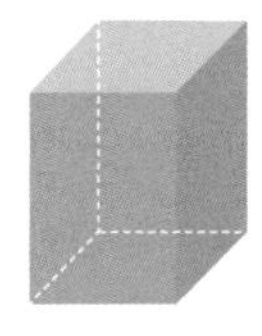

사각기둥

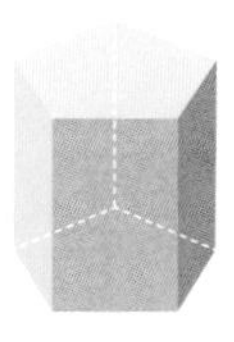

오각기둥

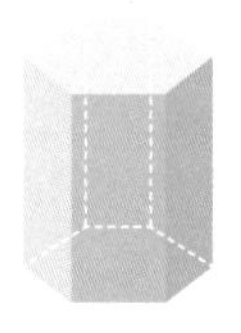

육각기둥

두 밑면이 모두 평행하고 합동이고 옆면이 모두 직사각형인 다면체를 각기둥이라고 한다.

마름모의 넓이

Area of a Rhombus

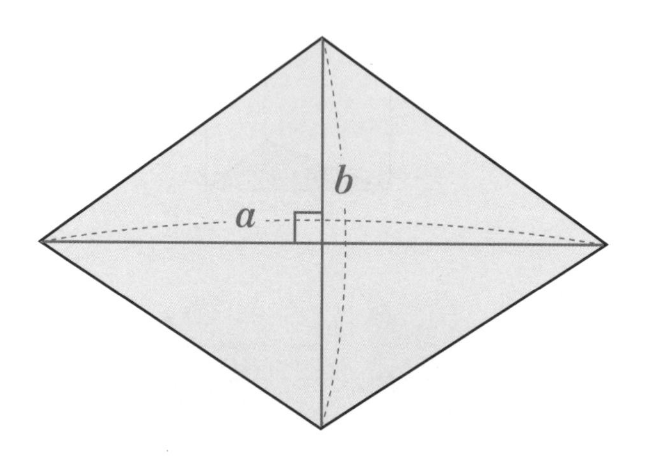

$$S=\frac{1}{2}ab$$ ← 두 대각선의 절반

각뿔

Pyramid

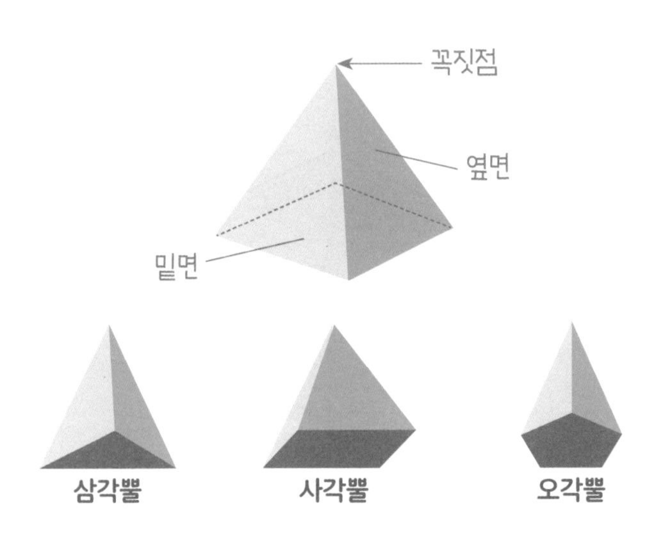

밑면이 다각형이고 옆면이 모두 한 꼭짓점에서

모이는 다면체를 각뿔이라고 한다.

뿔모양으로 이루어진 이 도형은 옆면이 모두 삼각형이다.

마름모의 성질

Property of a Rhombus

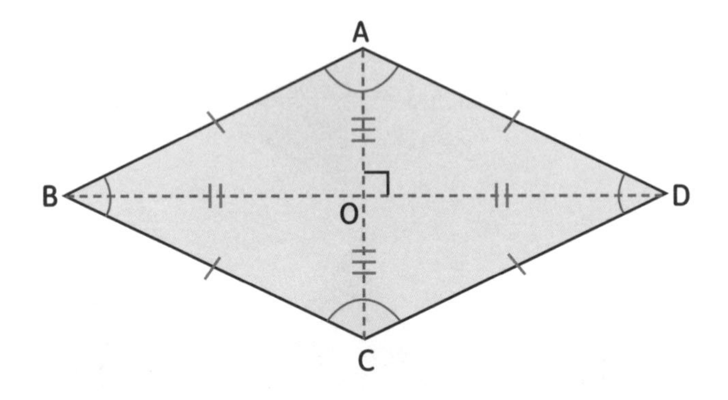

마름모의 대각선은 서로 다른 대각선을 수직이등분한다.

→ $\overline{AC} \perp \overline{BD}, \overline{AO} = \overline{CO}, \overline{BO} = \overline{DO}$

각뿔대
Truncated pyramid

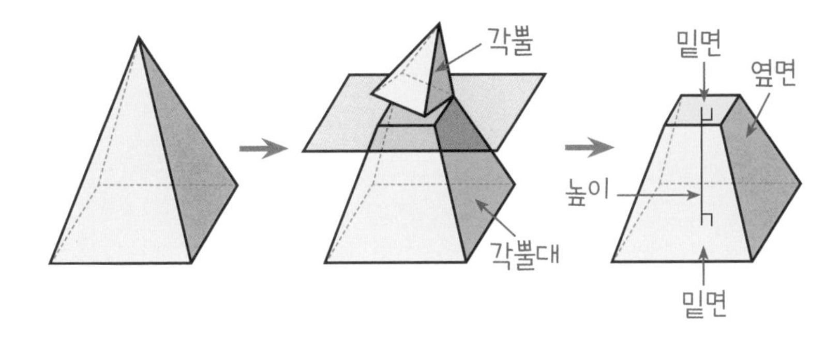

각뿔을 밑면과 평행한 평면으로 잘라서 생기는 두 입체도형 중에서 각뿔이 아닌 다면체를 각뿔대라고 한다. 각뿔대의 옆면은 모두 사다리꼴이다.

직사각형의 성질

Property of a rectangle

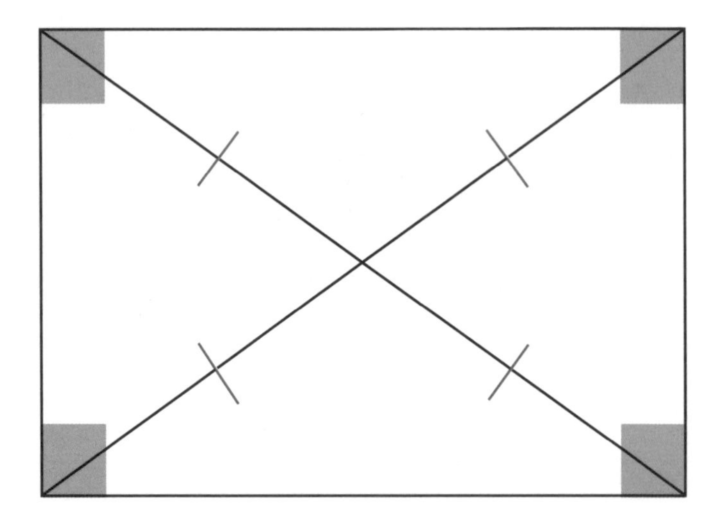

두 대각선은 길이가 같고, 서로 다른 것을 이등분한다.

July

5

복습!

Brush up on!

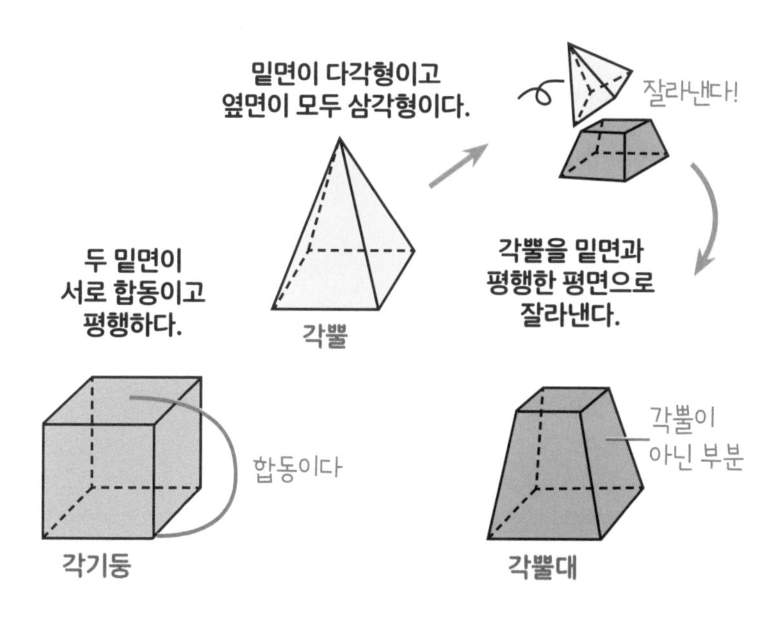

각기둥, 각뿔, 각뿔대는 모양에 따라 분류한 것이다.

평행사변형과 넓이

Parallelogram and Area

① 대각선을 하나만 그었을 때 만들어지는 두 삼각형의 넓이는 같다.

$\triangle ABC = \triangle CDA = \frac{1}{2}\square ABCD$

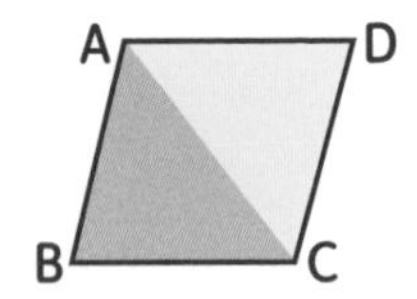

② 대각선을 두 개 그었을 때 만들어지는 네 삼각형의 넓이는 모두 같다.

$\triangle ABO = \triangle BCO = \triangle CDO = \triangle DAO$
$= \frac{1}{4}\square ABCD$

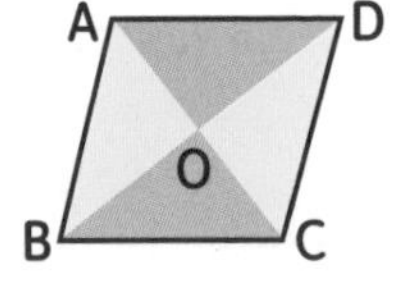

③ 내부에 임의의 한 점 P를 잡으면

$\triangle PAB + \triangle PCD = \triangle PBC + \triangle PDA$
$= \frac{1}{2}\square ABCD$

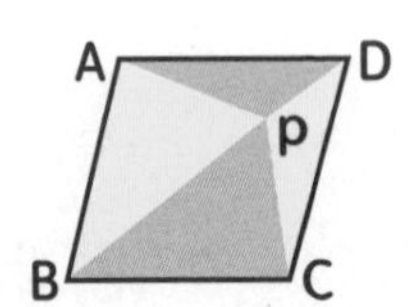

정다면체 ①

Platonic solid ①

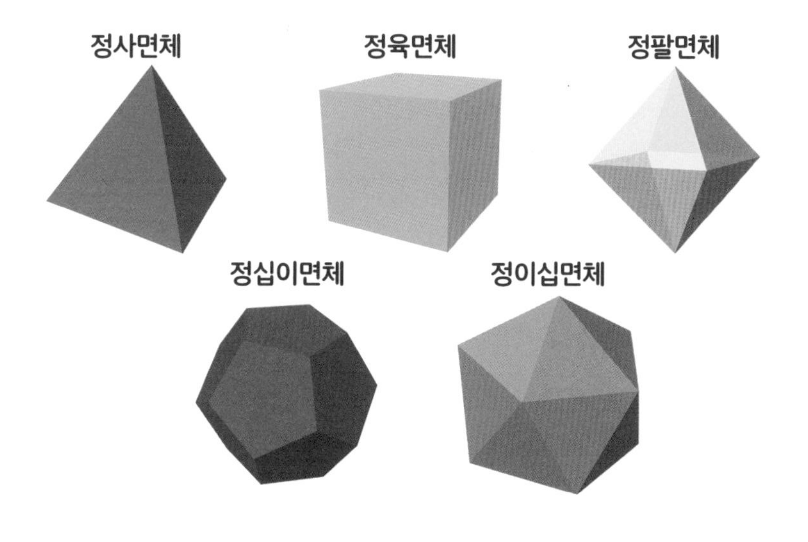

모든 면이 서로 합동인 정다각형이고

각 꼭짓점에 모이는 면의 개수가 같은 다면체를 정다면체라고

한다. 정다면체는 위의 다섯 가지뿐이다.

평행사변형의 넓이

Area of a Parallelogram

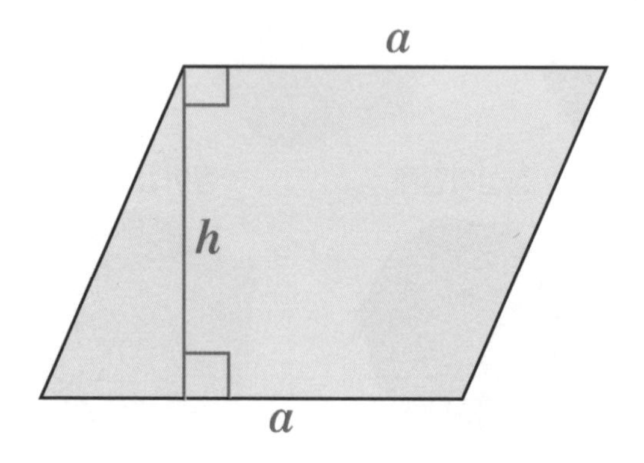

$$S=ah$$

정다면체 ②

Platonic solid ②

7

	정사면체	정육면체	정팔면체	정십이면체	정이십면체
면의 모양	정삼각형	정사각형	정삼각형	정오각형	정삼각형
한 꼭짓점에 모인 면의 개수	3	3	4	3	5
면의 개수	4	6	8	12	20

October

평행사변형이 되는 조건 24

Conditions for Parallelograms

① 두 쌍의 대변이 각각 평행하다.

$\overline{AB} \parallel \overline{DC}$, $\overline{AD} \parallel \overline{BC}$

② 두 쌍의 대변의 길이가 각각 같다.

$\overline{AB} = \overline{DC}$, $\overline{AD} = \overline{BC}$

③ 두 쌍의 대각의 크기는 각각 같다.

$\angle A = \angle C$, $\angle B = \angle D$

④ 두 대각선이 서로 다른 것을 이등분한다.

$\overline{OA} = \overline{OC}$, $\overline{OB} = \overline{OD}$

⑤ 한 쌍의 대변이 평행하고, 그 길이가 같다.

$\overline{AB} \parallel \overline{DC}$, $\overline{AB} = \overline{DC}$

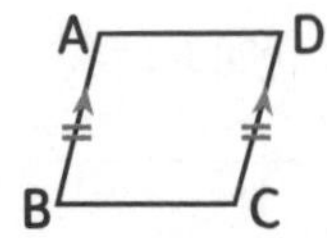

July

8

정다면체의 전개도

Net of Platonic solids

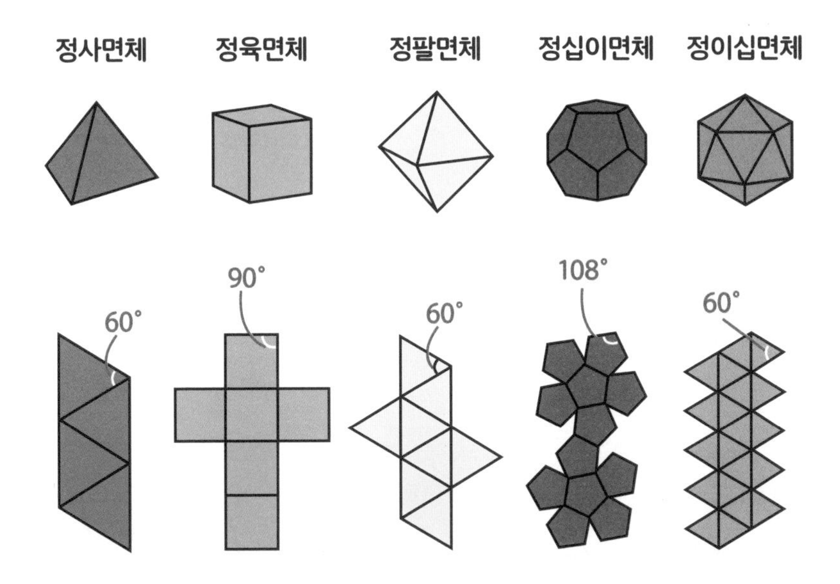

평행사변형의 성질

Properties of a Parallelogram

① 두 쌍의 대변의 길이는 각각 같다.

$\overline{AB} = \overline{DC}$, $\overline{AD} = \overline{BC}$

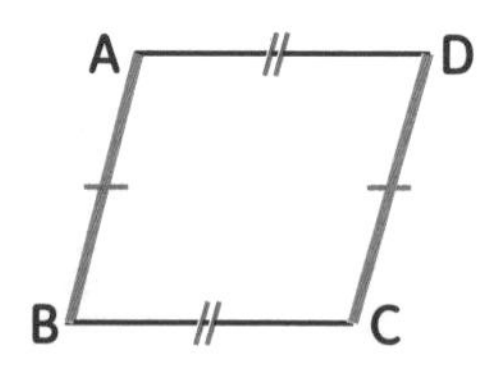

② 두 쌍의 대각의 크기는 각각 같다.

$\angle A = \angle C$, $\angle B = \angle D$

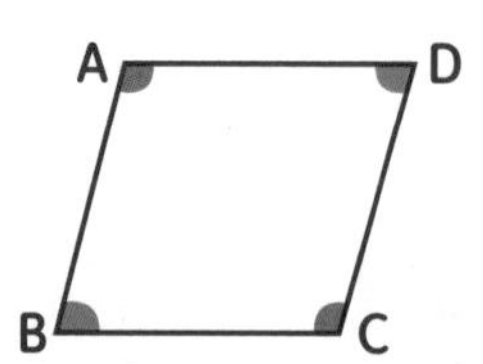

③ 대각선은 서로 다른 대각선을 이등분한다.

$\overline{OA} = \overline{OC}$, $\overline{OB} = \overline{OD}$

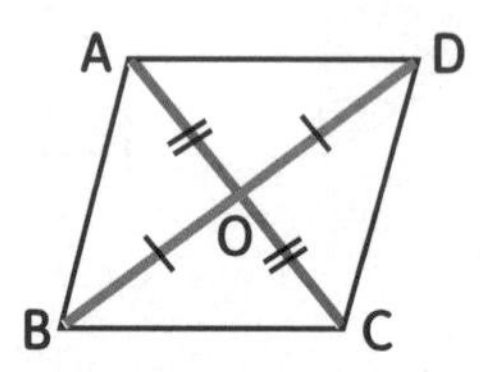

회전체

Solid of revolution

9

평면도형을 한 직선을 축으로 한 바퀴 돌릴 때 생기는 입체도형을 회전체라고 한다.

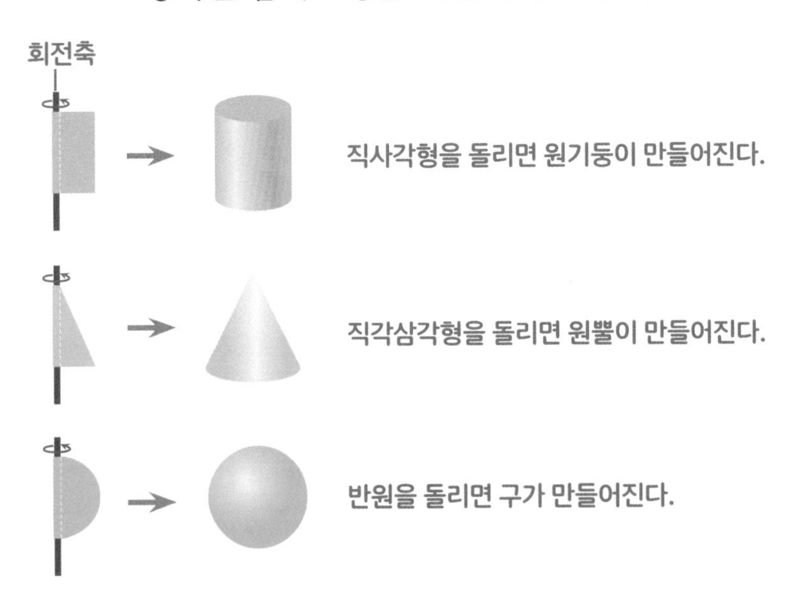

평행사변형

Parallelogram

22

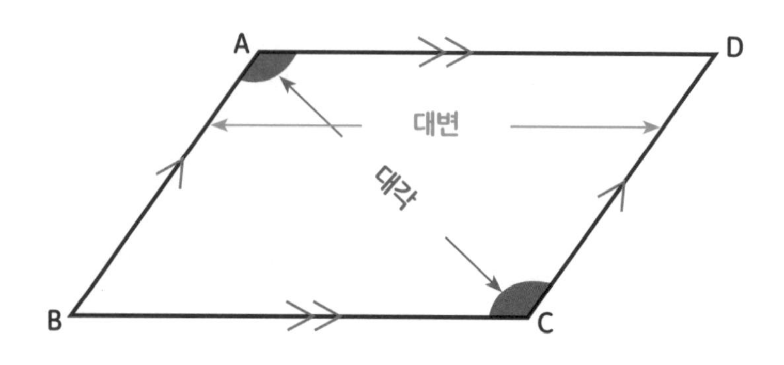

마주 보는 두 쌍의 변이 각각

평행한 사각형을 평행사변형이라고 한다.

즉 ▱ABCD에서, $\overline{AB} // \overline{DC}$, $\overline{AD} // \overline{BC}$

원뿔대

Truncated cone

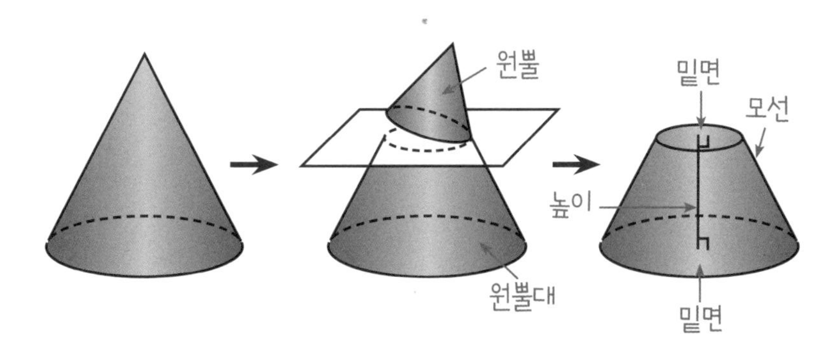

원뿔을 밑면과 평행한 평면으로 잘라서 생기는

두 입체도형 중에서 원뿔이 아닌 입체도형을 원뿔대라고 한다.

(모선: 회전하여 옆면을 만드는 선분)

October

21

복습!

Brush up on!

내심	외심
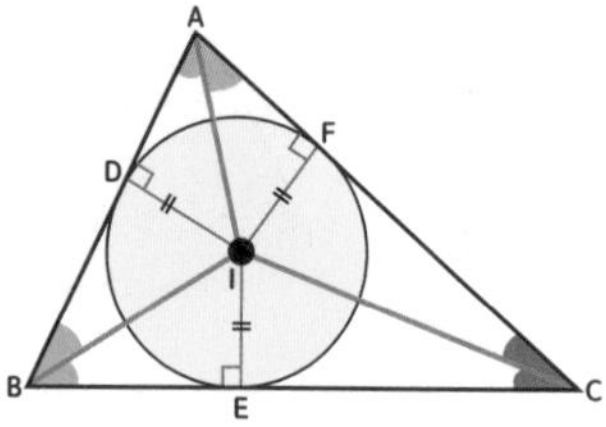 A, D, F, I, B, E, C	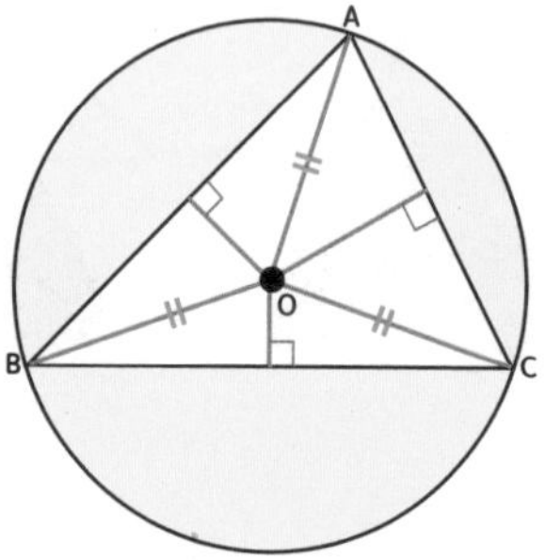 A, O, B, C
세 각의 이등분선의 교점	세 변의 수직이등분선의 교점
내심에서 세 변에 이르는 거리가 같다. $\overline{ID}=\overline{IE}=\overline{IF}$ = 내접원의 반지름의 길이	외심에서 세 꼭짓점에 이르는 거리가 같다. $\overline{OA}=\overline{OB}=\overline{OC}$ = 외접원의 반지름의 길이

단면

Cross section

11

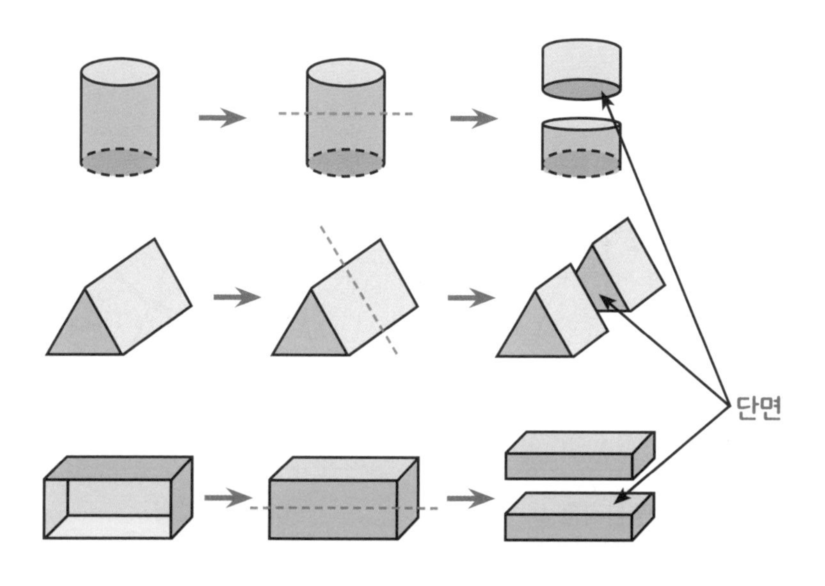

입체도형을 평면으로 자를 때, 잘린 면을 단면이라고 한다.

삼각형의 내심과 외심의 위치 Locations of the incenter and circumcenter in Triangles

모든 삼각형의 내심은 삼각형의 내부에 있다.

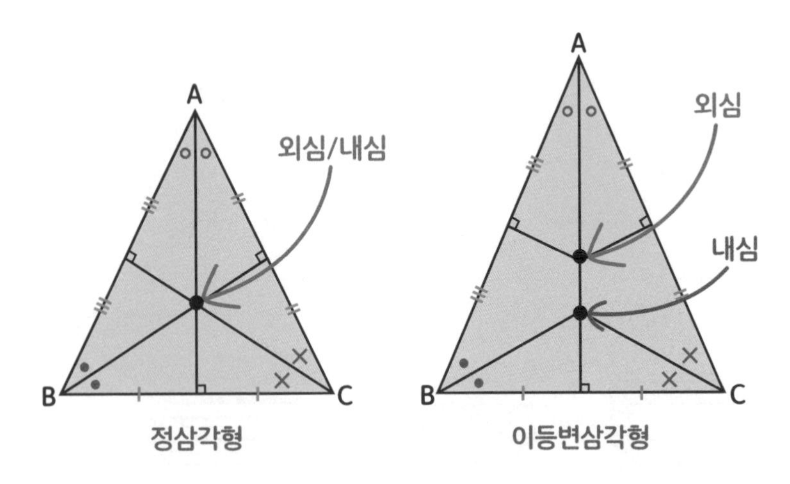

내심과 외심이 일치한다.

외심과 내심은 꼭지각의 이등분선 위에 있다.

July

12

회전체와 단면 ①

Solids of revolution & Cross sections ①

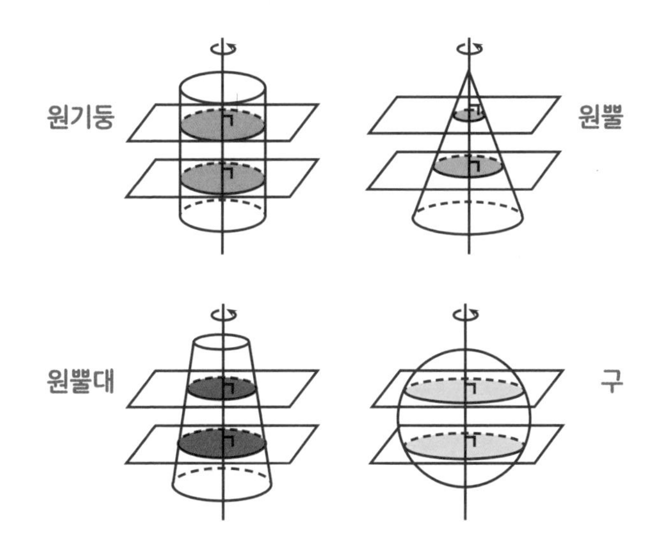

회전체를 회전축에 수직인 평면으로 자를 때

생기는 단면은 항상 원이다.

점 O가 △ABC의 외심이면… ②

If the point O is the circumcenter of the △ABC, … ②

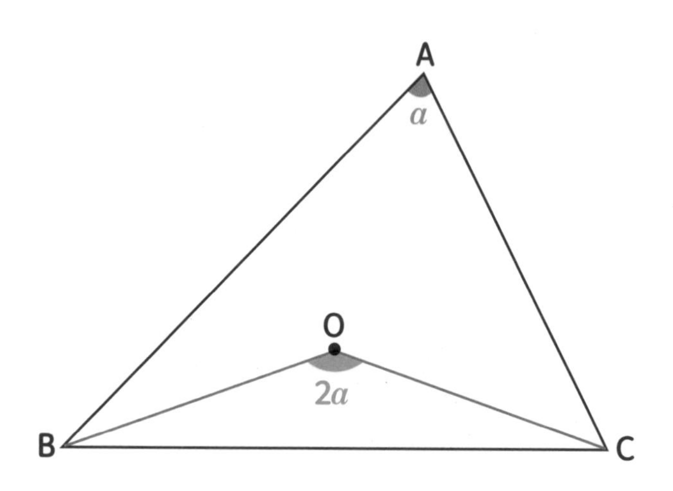

$\angle BOC = 2\angle A$

회전체와 단면 ②

Solids of revolution & Cross sections ②

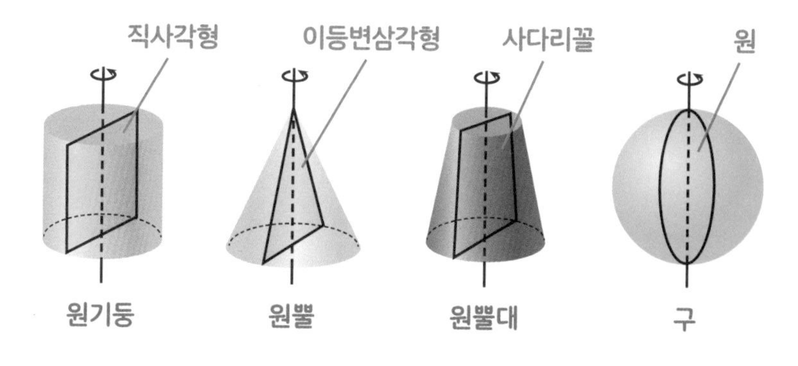

회전체를 회전축을 포함하는 평면으로 잘라서 생긴 단면은
모두 합동이고, 회전축에 대한 선대칭도형이다.

점 O가 △ABC의 외심이면… ①

If the point O is the circumcenter of the △ABC, … ①

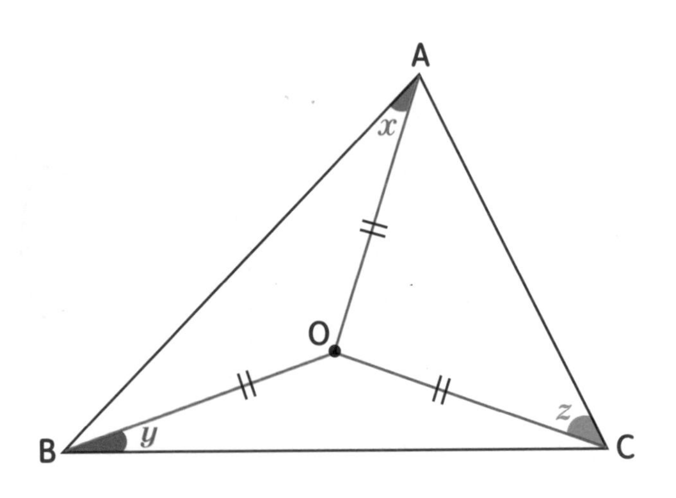

$$\angle x+\angle y+\angle z=90°$$

구의 단면

Cross sections of a Sphere

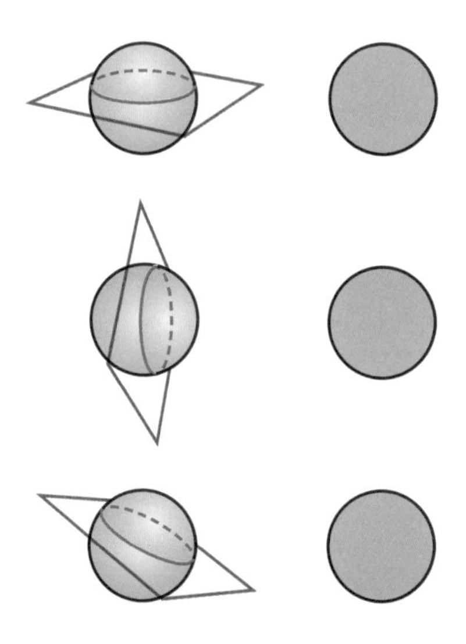

구는 어느 방향으로 잘라도 그 단면이 항상 원이고,

중심을 지나는 평면으로 잘랐을 때의 단면이 가장 크다.

복습!
Brush up on!

17

~ 삼각형의 외심의 위치 ~

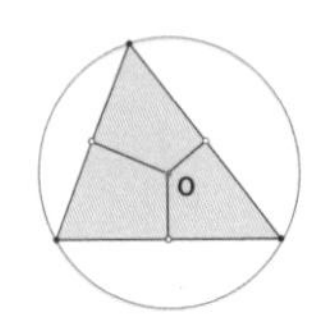

예각삼각형 ➡ 삼각형의 내부

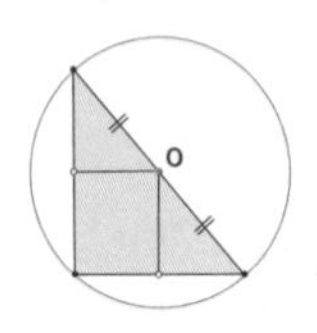

직각삼각형 ➡ 빗변의 중점

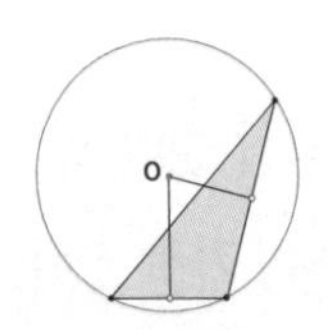

둔각삼각형 ➡ 삼각형의 외부

회전체의 전개도

Nets of solids formed through revolution

15

원기둥	원뿔	원뿔대
모선	모선	모선
모선	모선	모선
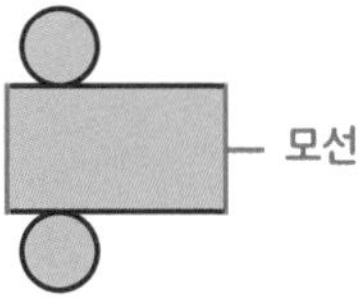 (밑면인 원의 둘레의 길이) = (옆면인 직사각형의 가로의 길이)	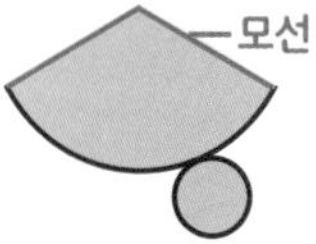 (밑면인 원의 둘레의 길이) = (옆면인 부채꼴의 호의 길이)	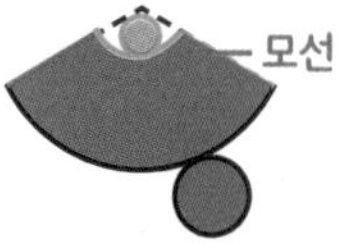 (위쪽 밑면인 원의 둘레의 길이) = (위쪽 부채꼴의 호의 길이)

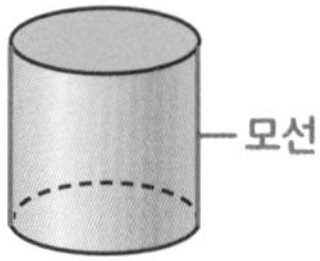

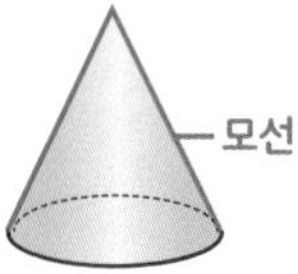

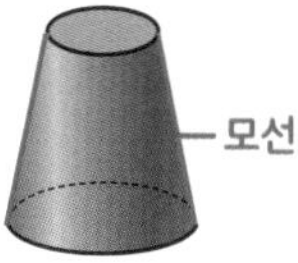

구는 전개도를 그릴 수 없다.

외심의 위치 ③: 둔각삼각형

Location of Circumcenter ③: Obtuse triangle

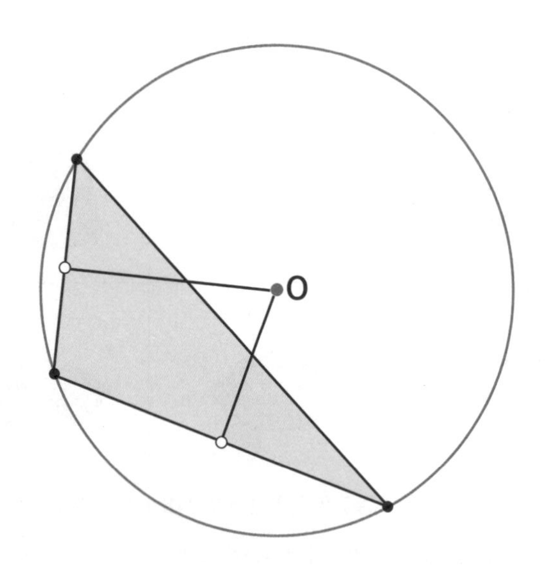

둔각삼각형의 외심은 삼각형의 외부에 있다.

16

각기둥의 겉넓이

Surface area of a Prism

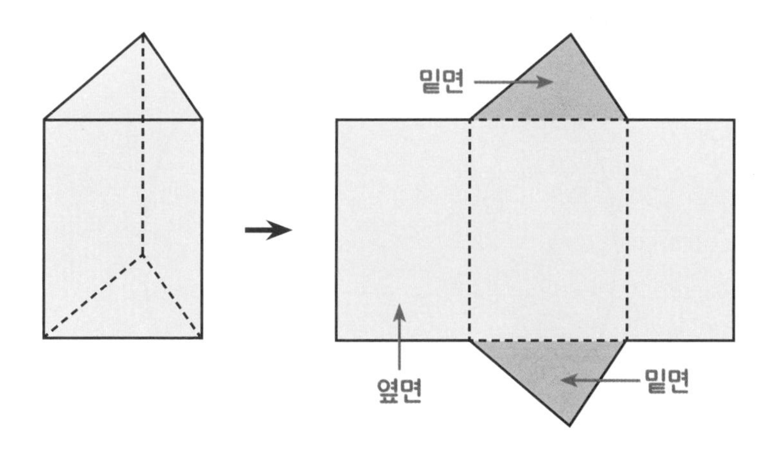

(각기둥의 겉넓이) = (밑넓이) × 2 + (옆넓이)

외심의 위치 ②: 직각삼각형

Location of Circumcenter ②: Right triangle

15

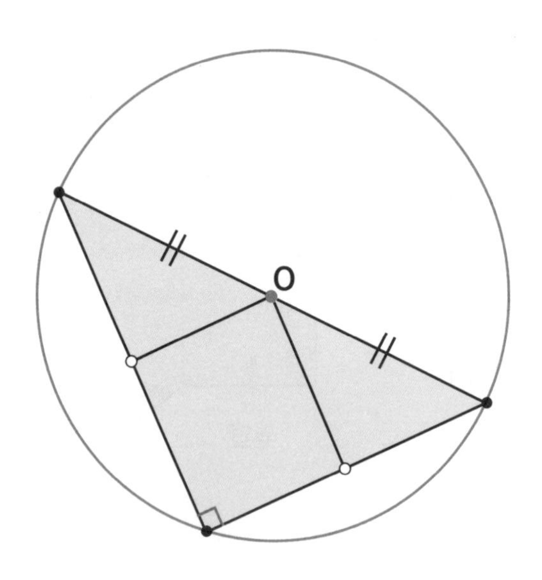

직각삼각형의 외심은 빗변의 중점에 있다.

원기둥의 겉넓이

Surface area of a Cylinder

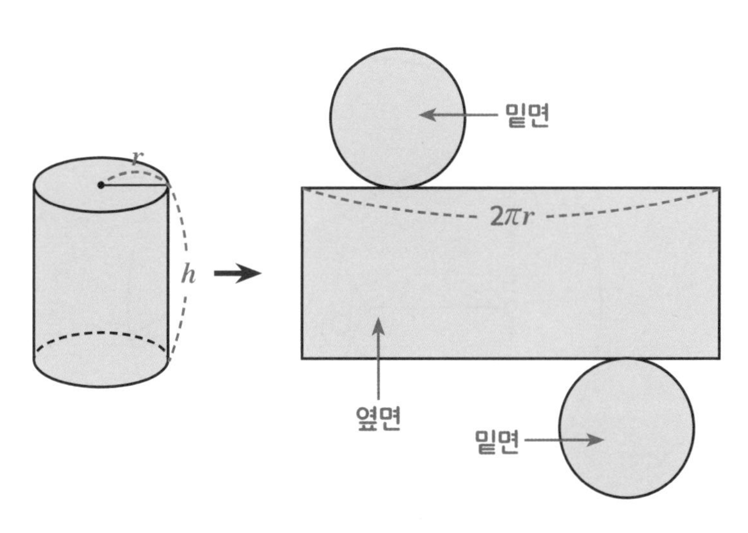

$$S = 2\pi r^2 + 2\pi rh$$

(원기둥의 겉넓이) = (밑넓이) × 2 + (옆넓이)

외심의 위치 ①: 예각삼각형

Location of Circumcenter ①: Acute triangle

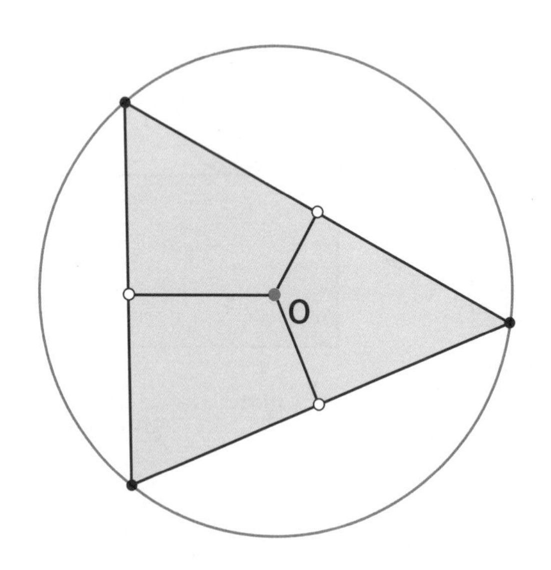

예각삼각형의 외심은 삼각형의 내부에 있다.

각뿔의 겉넓이

Surface area of a Pyramid

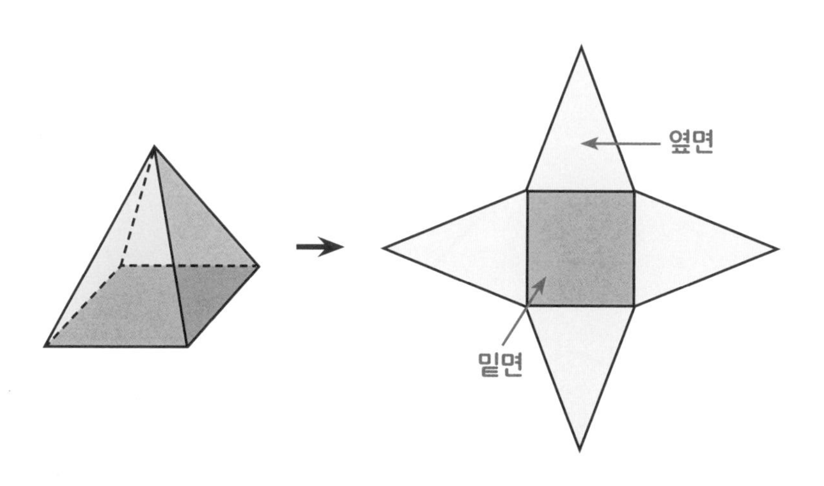

(각뿔의 겉넓이) = (밑넓이) + (옆넓이)

삼각형의 외심

Circumcenter of a Triangle

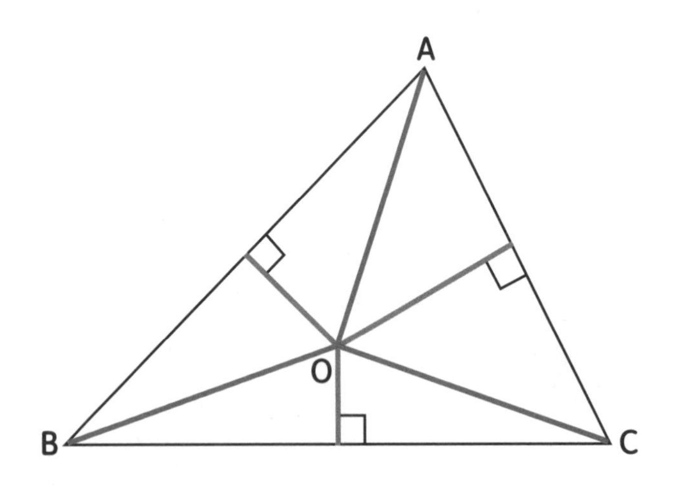

삼각형의 세 변의 수직이등분선은 한 점(외심)에서 만나고,

이 점에서 세 꼭짓점에 이르는 거리는 같다.

$\overline{OA} = \overline{OB} = \overline{OC}$ = (외접원의 반지름의 길이)

원뿔의 겉넓이
Surface area of a Cone

19

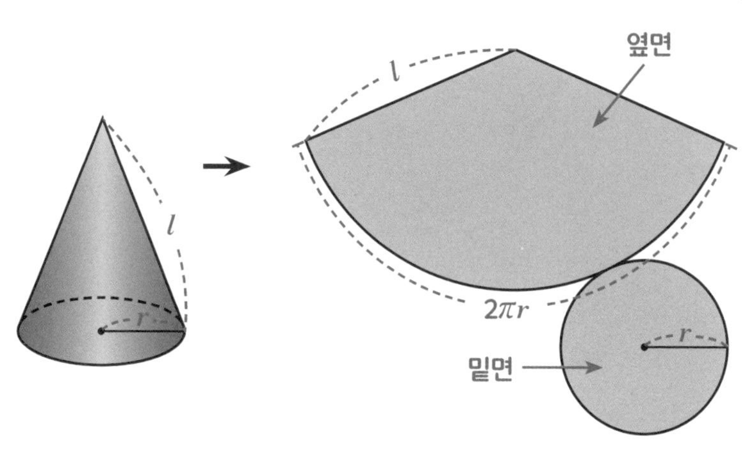

$$S = \underbrace{\pi r^2}_{\text{원의 넓이}} + \underbrace{\pi r l}_{\text{부채꼴의 넓이}}$$

(원뿔의 겉넓이) = (밑넓이) + (옆넓이)

삼각형의 외접원

Circumscribed circle of a Triangle

12

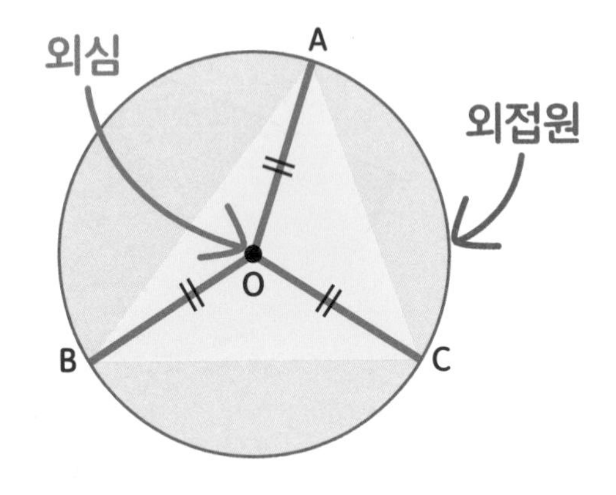

△ABC의 세 꼭짓점이 모두 원 O 위에 있을 때,

원 O는 △ABC에 외접한다고 하고,

원 O를 △ABC의 외접원이라고 한다.

또 삼각형의 외접원의 중심을 그 삼각형의 외심이라고 한다.

July

구의 겉넓이

Surface area of a Sphere

20

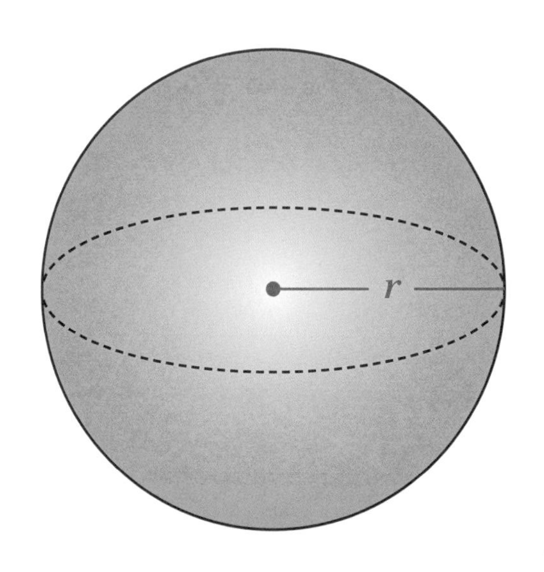

$$S = 4\pi r^2$$

원의 넓이

점 I가 △ABC의 내심이면… ②

If the point I is the incenter of the △ABC, … ②

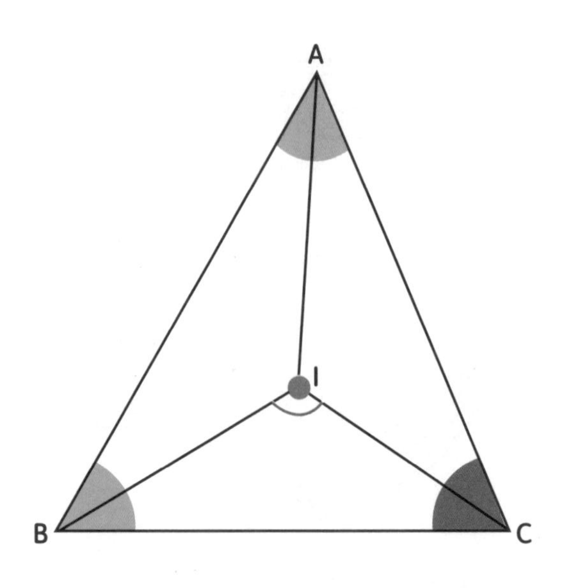

$$\angle BIC = 90^\circ + \frac{1}{2}\angle A$$

각기둥의 부피

Volume of a Prism

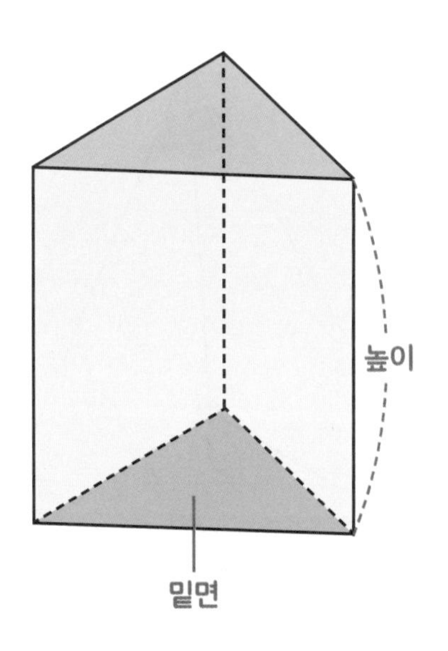

(각기둥의 부피) = (밑넓이) x (높이)

점 I가 △ABC의 내심이면… ①

If the point I is the incenter of the △ABC, … ①

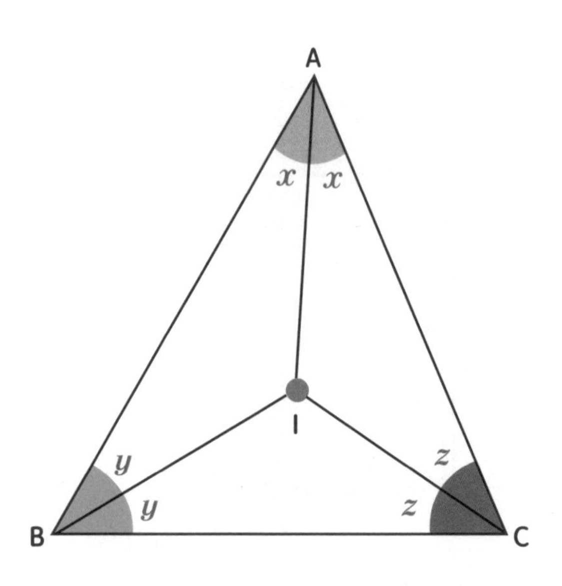

$$\angle x+\angle y+\angle z=90°$$

July

22

원기둥의 부피

Volume of a Cylinder

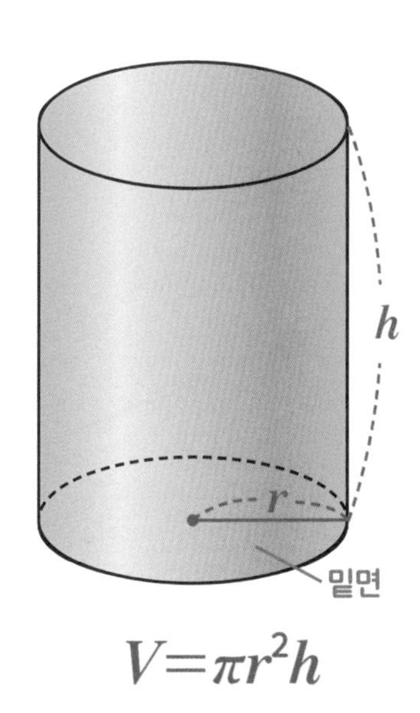

$$V=\pi r^2h$$

(원기둥의 부피) = (밑넓이) x (높이)

삼각형의 내심

Incenter of a Triangle

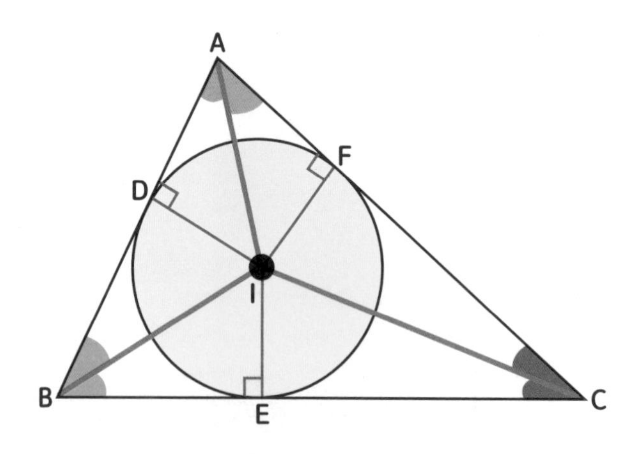

삼각형의 세 내각의 이등분선은 한 점(내심)에서 만나고,

이 점에서 세 변에 이르는 거리가 같다.

$\overline{ID} = \overline{IE} = \overline{IF}$ = (내접원의 반지름의 길이)

각뿔의 부피
Volume of a Pyramid

23

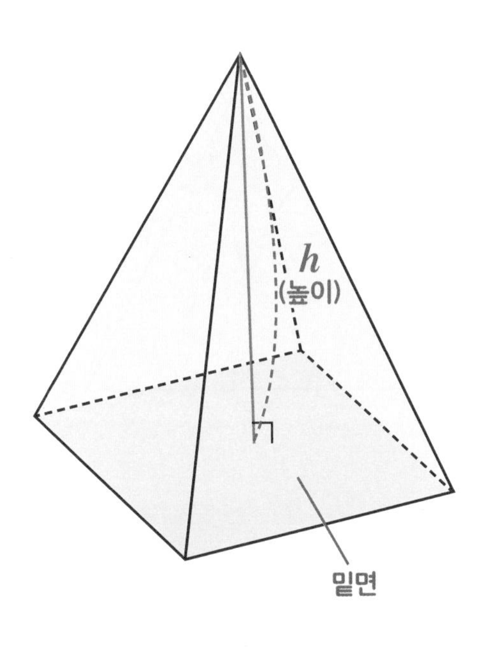

$$(\text{각뿔의 부피}) = \frac{1}{3} \times (\text{밑넓이}) \times (\text{높이})$$

삼각형의 내접원

Inscribed circle of a Triangle

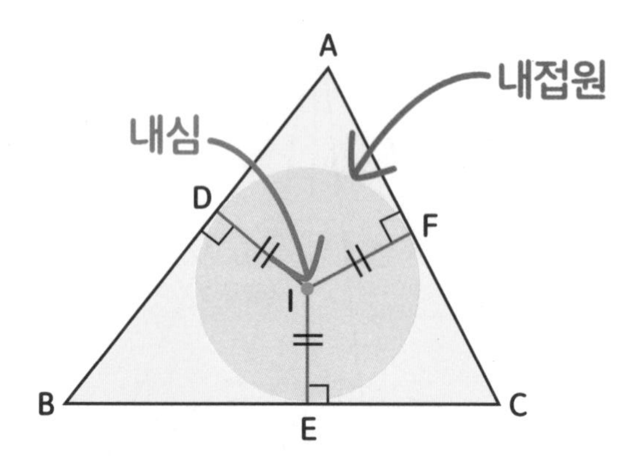

△ABC의 세 변이 모두 원 I에 접할 때, 원 I는 △ABC에 내접한다고 하고, 원 I를 △ABC의 내접원이라고 한다. 또 삼각형의 내접원의 중심을 그 삼각형의 내심이라고 한다.

원뿔의 부피
Volume of a Cone

24

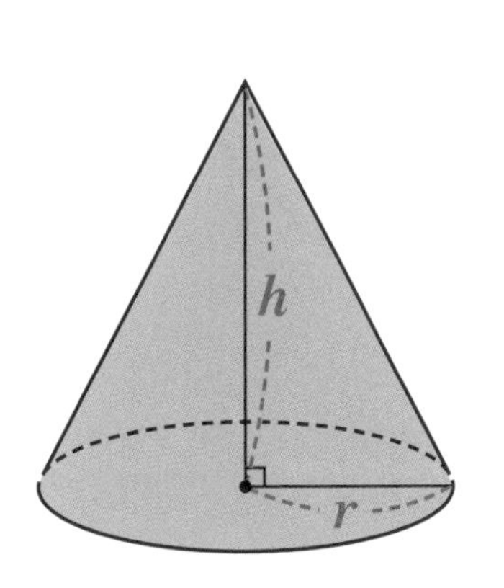

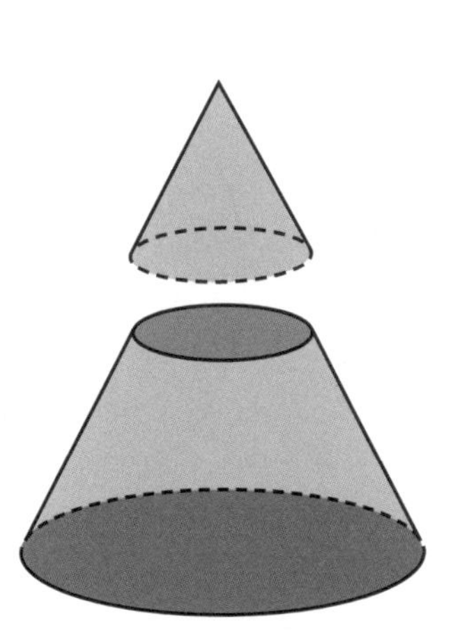

$$V=\frac{1}{3}\pi r^2 h$$

(원뿔의 부피) = $\frac{1}{3}$ x (밑넓이) x (높이)

원의 접선

Tangent of a Circle

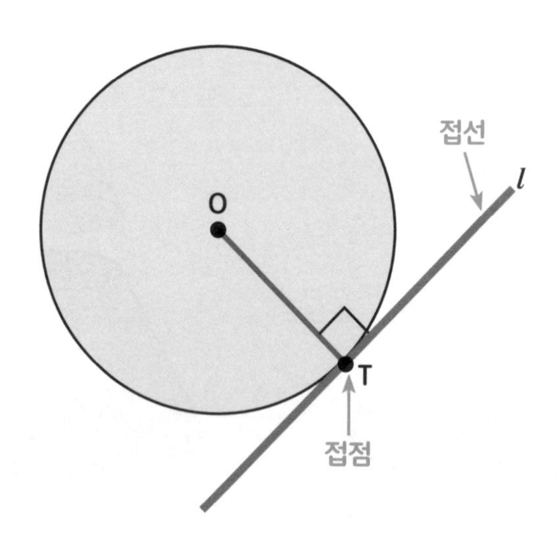

직선 l이 원 O와 한 점에서 만날 때, 직선 l은 원 O에 접한다고 하고, 직선 l을 원 O의 접선, 만나는 점 T를 접점이라고 한다. 이때 접점에서 접선과 반지름 OT는 수직으로 만난다.

구의 부피

Volume of a Sphere

25

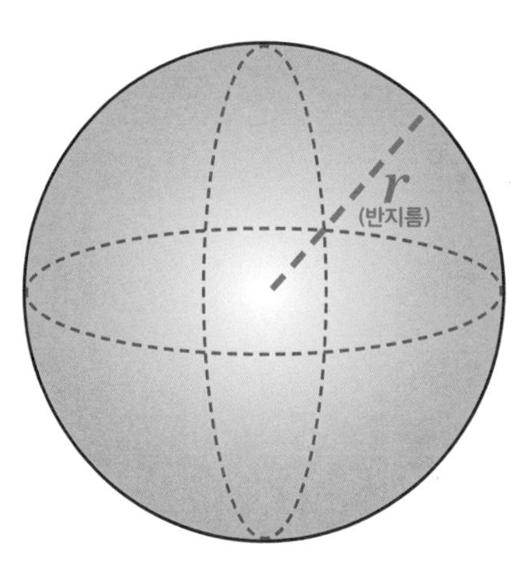

$$V=\frac{4}{3}\pi r^3$$

(구의 부피) = $\frac{4}{3}$ x π x (반지름)^3

피타고라스 정리

Pythagorean theorem

6

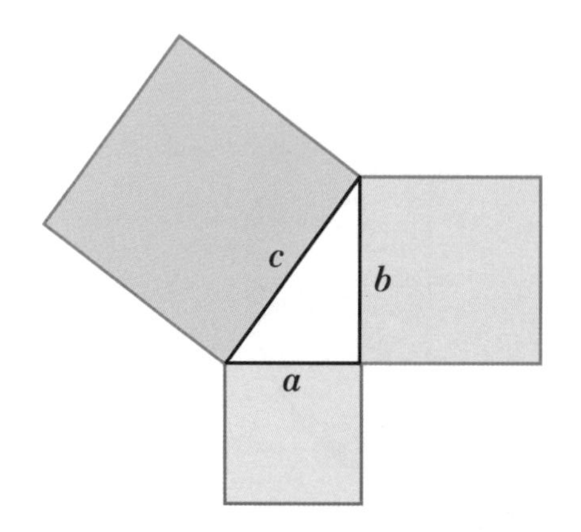

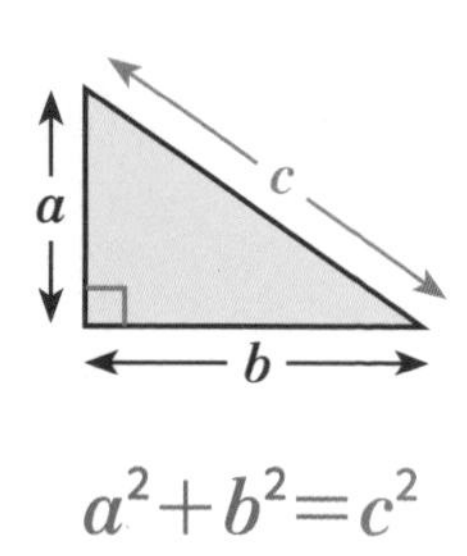

직각삼각형에서 빗변 길이의 제곱은

다른 두 변의 길이의 제곱의 합과 같다.

복습!

Brush up on!

	겉넓이	부피
각기둥	(밑넓이) × 2 + (옆넓이)	(밑넓이) × (높이)
원기둥	(밑넓이) × 2 + (옆넓이) $=2\pi r^2+2\pi rh$	$\pi r^2 h$
각뿔	(밑넓이) + (옆넓이)	$\frac{1}{3}$ × (밑넓이) × (높이)
원뿔	$\pi r^2+\pi rl$	$\frac{1}{3}\pi r^2 h$
구	$4\pi r^2$	$\frac{4}{3}\pi r^3$

직각삼각형의 합동

Right triangle congruence

5

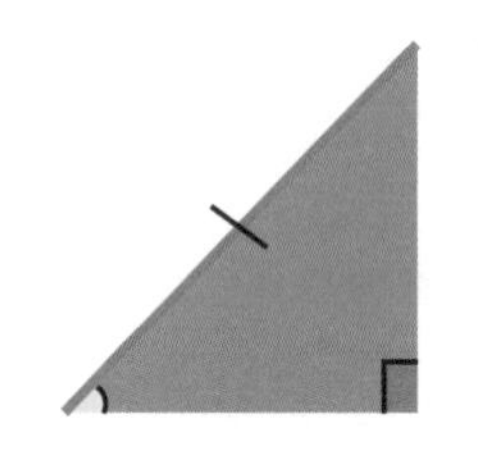

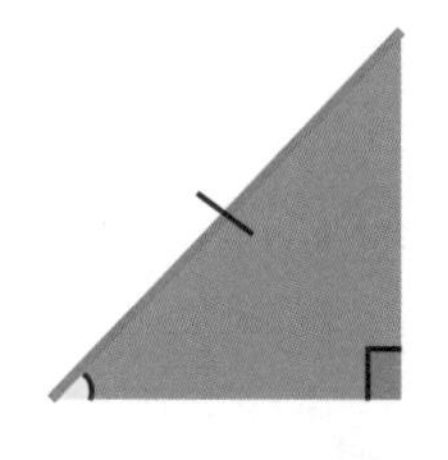

RHA 합동

빗변의 길이와 한 예각의 크기가 각각 같을 때

or

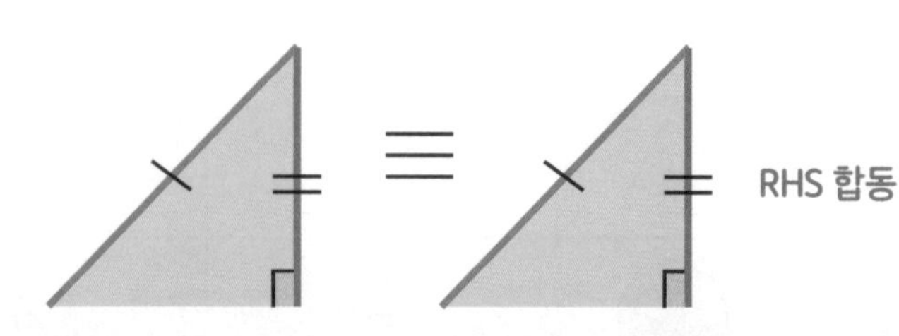

RHS 합동

빗변의 길이와 다른 한 변의 길이가 각각 같을 때

$$17689 = 133^2$$

$$177\,6889 = 1333^2$$

$$1777\,68889 = 13333^2$$

$$17777\,688889 = 133333^2$$

이등변삼각형이 되기 위한 조건

Condition for Isosceles triangles

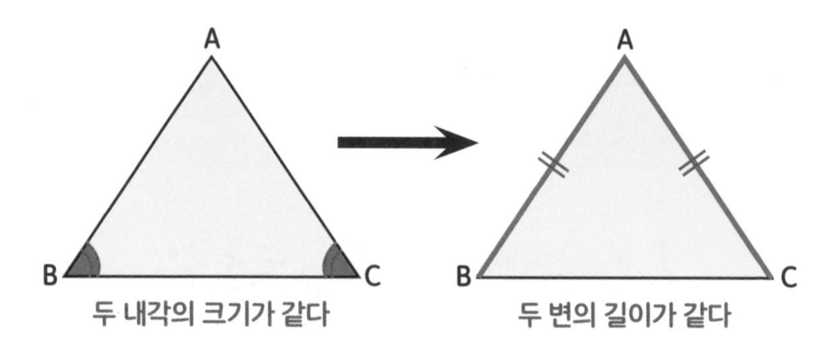

두 내각의 크기가 같아야 이등변삼각형이 된다.

July

변량

Variate

28

성적, 키, 인구수 등의

자료를 수량으로 나타낸 것을

변량이라고 한다.

이등변삼각형의 성질

Properties of Isosceles triangle

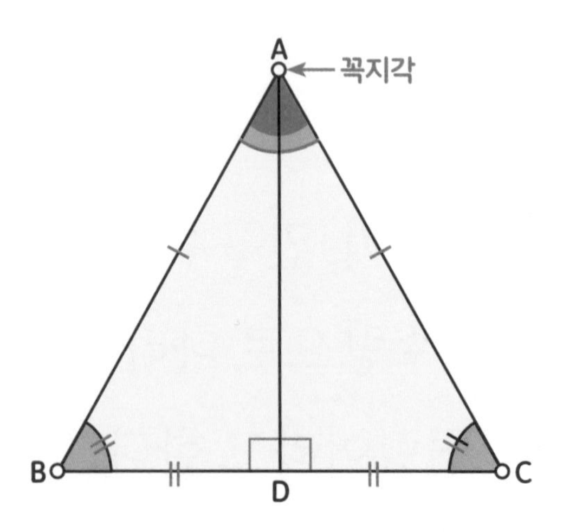

이등변삼각형의 두 밑각의 크기는 같다.

이등변삼각형의 꼭지각의 이등분선은 밑변을 수직이등분한다.

July

29

줄기와 잎 그림

Stem-and-leaf plot

변량을 '줄기'(앞자리 숫자)와 '잎'(끝자리 숫자)으로 구분한 다음 표로 나타낸 것을 줄기와 잎 그림이라고 한다.

'32'는 '3'(줄기)과 '2'(잎)로 나눌 수 있다.

15, 16, 21, 23, 23, 26, 26, 30, 32, 41

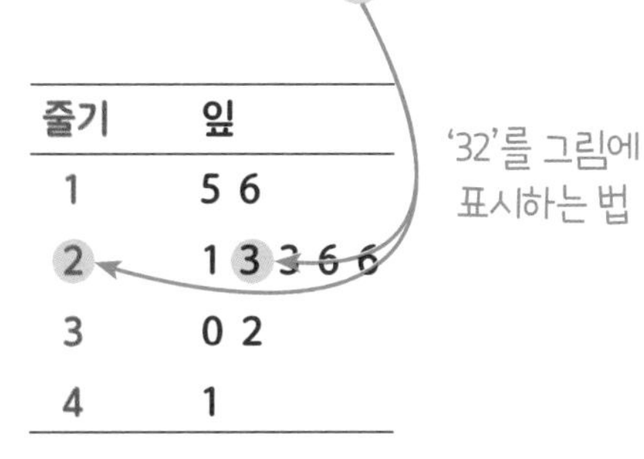

줄기	잎
1	5 6
2	1 3 3 6 6
3	0 2
4	1

2

이등변삼각형
Isosceles Triangle

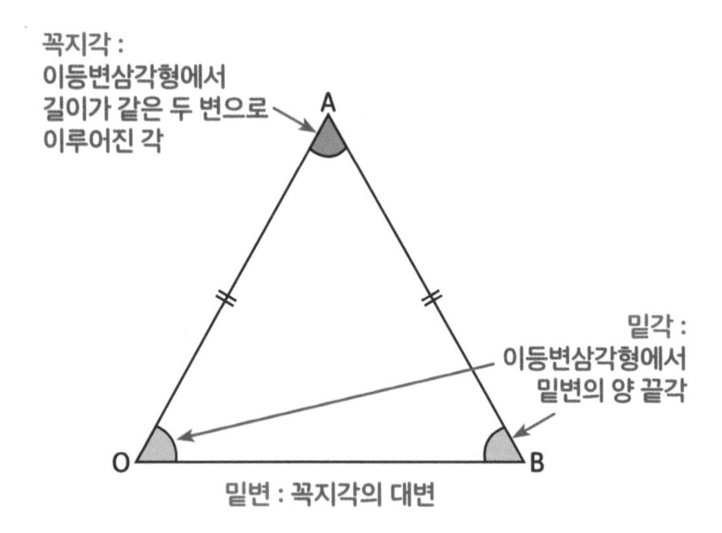

두 변의 길이가 같은 삼각형을 이등변삼각형이라고 한다.

계급

Class

· 학생들의 몸무게 ·

몸무게(kg)	학생 수(명)
40 이상 ~ 50 미만	4
50 이상 ~ 60 미만	11
60 이상 ~ 70 미만	8
70 이상 ~ 80 미만	0
80 이상 ~ 90 미만	2
90 이상 ~ 100 미만	1
합계	26

계급의 크기=10

변량을 일정한 간격으로 나눈 구간을 계급이라고 하고,

구간의 너비를 계급의 크기라고 한다.

1

소소한 수학

3.1415926535 8979323846 2643383279 5028841971 6939937510 5820974944 5923078164
0628620899 8628034825 3421170679 8214808651 3282306647 0938446095 5058223172 5359408128
4811174502 8410270193 8521105559 6446229489 5493038196 4428810975 6659334461 2847564823
3786783165 2712019091 4564856692 3460348610 4543266482 1339360726 0249141273 7245870066
0631558817 4881520920 9628292540 9171536436 7892590360 0113305305 4882046652 1384146951
9415116094 3305727036 5759591953 0921861173 8193261179 3105118548 0744623799 6274956735
1885752724 8912279381 8301194912 9833673362 4406566430 8602139494 6395224737 1907021798
6094370277 0539217176 2931767523 8467481846 7669405132 0005681271 4526356082 7785771342
7577896091 7363717872 1468440901 2249534301 4654958537 1050792279 6892589235 4201995611
2129021960 8640344181 5981362977 4771309960 5187072113 4999999837 2978049951 0597317328
1609631859 5024459455 3469083026 4252230825 3344685035 2619311881 7101000313 7838752886
5875332083 8142061717 7669147303 5[illegible]873 1159562863 8823537875 9375195778
1857780532 1712268066 1300192787 [illegible]1989 3809525720 1065485863 2788659361
5338182796 8230301952 0353018529 689[illegible]736[illegible]2599413891 2497217752 8347913151 5574857242
4541506959 5082953311 6861727855 88[illegible]509[illegible]8175463746 4939319255 0604009277 0167113900
9848824012 8583616035 6370766010 4[illegible]181[illegible]9555961[illegible]4676783744 9448255379 7747268471
0404753464 6208046684 2590694912 [illegible]1367[illegible]152104 7521620569 6602405803 8150193511
2533824300 3558764024 7496473263 [illegible]1419927[illegible]0426992279 6782354781 6360093417 2164121992
4586315030 2861829745 5570674983 8505494588 5869269956 9092721079 7509302955 3211653449
8720275596 0236480665 4991198818 3479775356 6369807426 5425278625 5181841757 4672890977
7727938000 8164706001 [illegible] 1613611573 5255213347
5741849468 4385233239 [illegible] 9219222184 2725502542
5688767179 0494601653 4668049886 2723279178 6085784383 8279679766 8145410095 3883786360
9506800642 2512520511 7392984896 0841284886 2694560424 1965285022 2106611863 0674427862
2039194945 0471237137 8696095636 4371917287 4677646575 7396241389 0865832645 9958133904
7802759009 9465764078 9512694683 9835259570 9825822620 5224894077 2671947826 8482601476
9909026401 3639443745 5305068203 4962524517 4939965143 1429809190 6592509372 2169646151
5709858387 4105978859 5977297549 8930161753 9284681382 6868386894 2774155991 8559252459
5395943104 9972524680 8459872736 4469584865 3836736222 6260991246 0805124388 4390451244
1365497627 8079771569 1435997700 1296160894 4169486855 5848406353 4220722258 2848864815
8456028506 0168427394 5226746767 8895252138 5225499546 6672782398 6456596116 3548862305
7745649803 5593634568 1743241125 1507606947 9451096596 0940252288 7971089314 5669136867
2287489405 6010150330 8617928680 9208747609 1782493858 9009714909 6759852613 6554978189

π의

10억 번째 자리는 9이다.

계급값
Class value

31

· 학생들의 몸무게 ·

몸무게(kg)	학생 수(명)	계급값
40 이상 ~ 50 미만	4	45 ← $\frac{50+40}{2}$
50 이상 ~ 60 미만	11	55
60 이상 ~ 70 미만	8	65
70 이상 ~ 80 미만	0	75
80 이상 ~ 90 미만	2	85
90 이상 ~ 100 미만	1	95
합계	26	

각 계급의 한가운데 값을 계급값이라고 한다.

$$(\text{계급값}) = \frac{(\text{계급의 양 끝 값의 합})}{2} = \frac{a+b}{2}$$

· 10월에 배울 수학 개념 ·

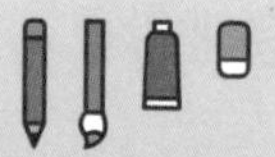

8

August

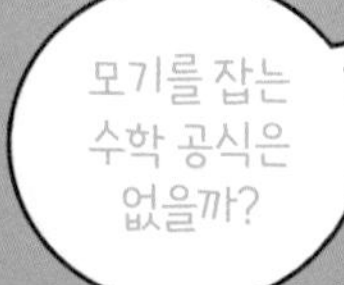

10

October

설마 지금 한번에 달력 넘긴 건 아니겠지?
첫걸음부터 차근차근 밟아보자

· 8월에 배울 수학 개념 ·

도수
도수분포표
히스토그램
도수분포다각형
상대도수
상대도수 그래프
두 자료의 상대도수 분포 비교
복습!*
소소한 수학*
소수
유한소수와 무한소수
유한소수로 나타낼 수 있는 분수
순환소수
순환마디
기약분수
순환소수로 나타낼 수있는 분수
순환소수를 분수로 나타내기 ①
순환소수를 분수로 나타내기 ②
유리수와 소수의 관계
소소한 수학*
지수법칙 ①
지수법칙 ②
지수법칙 ③
지수법칙 ④
복습!*
단항식의 곱셈
단항식의 나눗셈
다항식의 덧셈과 뺄셈
다항식의 차수
다항식 × 단항식
다항식 ÷ 단항식

연립방정식의 해와 그래프 ② Solutions and graphs of Simultaneous equations ②

30

연립방정식에서 각 일차방정식의 그래프인 두 직선이

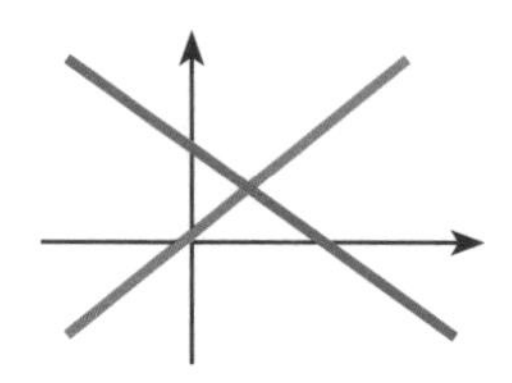

한 점에서 만나면 해가 한 쌍이다.

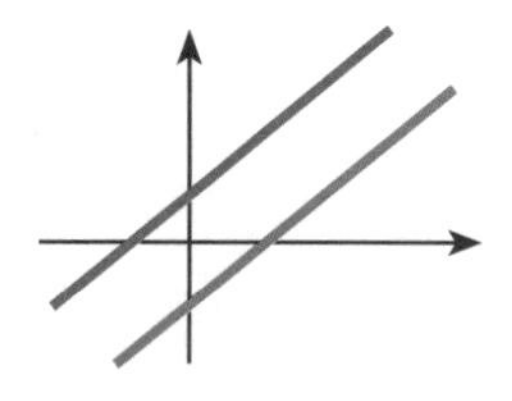

평행하면 해가 없다.

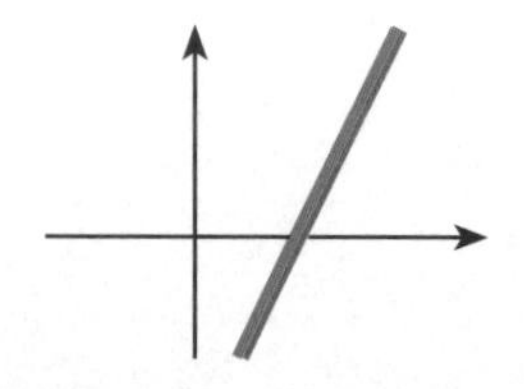

서로 일치하면 해가 무수히 많다.

도수

Frequency

1

· 학생들의 몸무게 ·

몸무게(kg)	학생 수(명)
40 이상 ~ 50 미만	4
50 이상 ~ 60 미만	11
60 이상 ~ 70 미만	8
70 이상 ~ 80 미만	0
80 이상 ~ 90 미만	2
90 이상 ~ 100 미만	1
합계	26

도수
(변량의 수)

각 계급에 속하는 자료(변량)의 수를 도수라고 한다.

연립방정식의 해와 그래프 ① Solutions and graphs of Simultaneous equations ①

미지수가 2개인
두 일차방정식으로 이루어진
연립방정식의 해는 각 방정식의
그래프, 즉 일차함수 그래프의
교점의 좌표와 같다.

August

2

도수분포표

Frequency distribution table

· 학생들의 몸무게 ·

몸무게(kg)	학생 수(명)
40 이상 ~ 50 미만	4
50 이상 ~ 60 미만	11
60 이상 ~ 70 미만	8
70 이상 ~ 80 미만	0
80 이상 ~ 90 미만	2
90 이상 ~ 100 미만	1
합계	26

계급 → ← 도수

전체 자료를 몇 개의 계급으로 나눈 다음 각 계급에 속하는 도수를 나타낸 표를 도수분포표라고 한다.

일차방정식 x=m, y=n의 그래프

Graphs of the Linear equation x=m, y=n

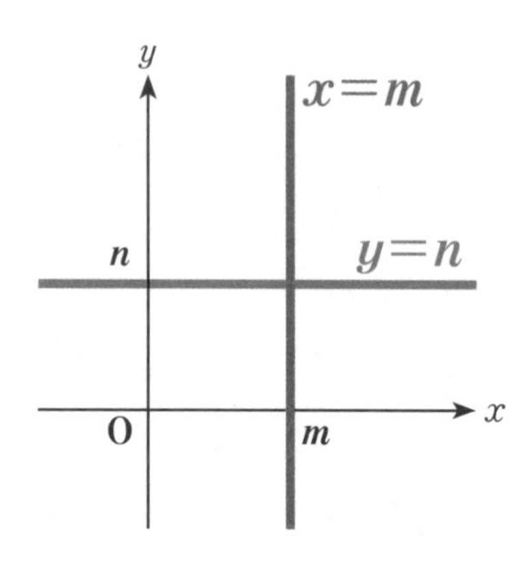

① 일차방정식 $x=m(m\neq 0)$의 그래프는 점$(m, 0)$을 지나고 y축에 평행한 직선이다.

② 일차방정식 $y=n(n\neq 0)$의 그래프는 점$(0, n)$을 지나고 x축에 평행한 직선이다.

August

3

히스토그램

Histogram

· 학생들의 몸무게 ·

몸무게(kg)	학생 수(명)
40 이상 ~ 50 미만	4
50 이상 ~ 60 미만	11
60 이상 ~ 70 미만	8
70 이상 ~ 80 미만	0
80 이상 ~ 90 미만	2
90 이상 ~ 100 미만	1
합계	26

→

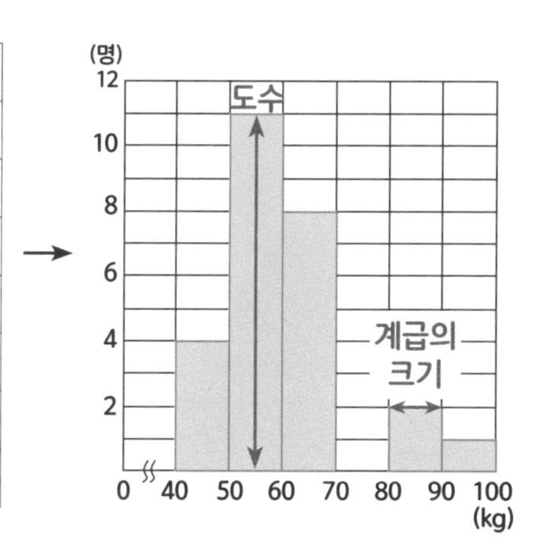

도수분포표에서 각 계급의 크기를 가로축에 그 계급의 도수를
세로축에 표시한 그래프를 히스토그램이라고 한다.

September

미지수가 2개인 일차방정식과 일차함수의 그래프

27

Graphs of linear equations and functions with two unknowns

$a \neq 0$, $b \neq 0$일 때 일차방정식 $ax+by+c=0$의 그래프는 일차함수 $y=-\frac{a}{b}x-\frac{c}{b}$의 그래프와 서로 같다.

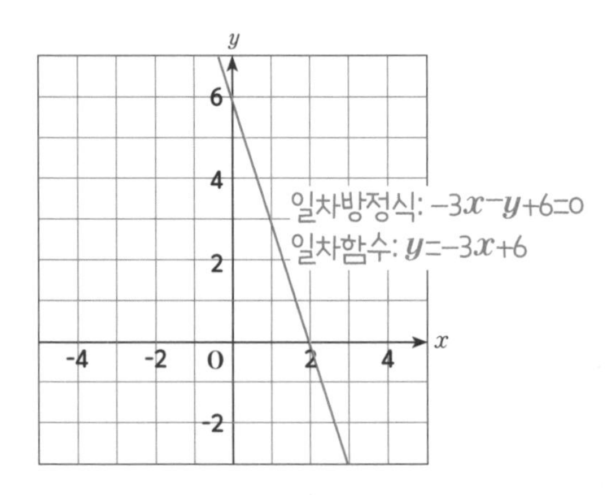

$$ax+by+c=0 \text{ (단, } a=0, b=0) \rightleftarrows y=-\frac{a}{b}x-\frac{c}{b}$$

도수분포다각형
Frequency distribution polygon

4

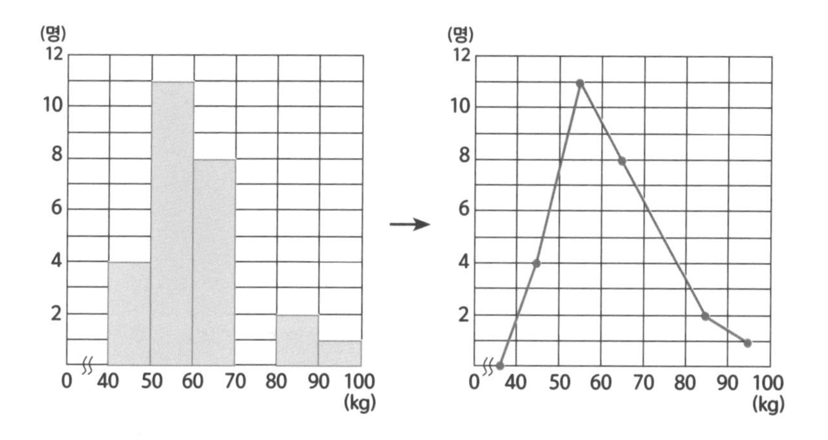

히스토그램의 윗변들 가운데에 점을 찍은 다음
그 점들을 직선으로 연결한 것을 도수분포다각형이라고 한다.

일차방정식과 일차함수

Linear equations and Linear functions

26

$$ax+by+c=0 \quad (a\neq0,\ b\neq0) \rightleftarrows y=-\frac{a}{b}x-\frac{c}{b}$$

일차방정식 일차함수

x, y의 값의 범위가 수 전체일 때, 일차방정식 $ax+by+c=0$(a, b, c는 상수, $a\neq0$ 또는 $b\neq0$)의 해는 무수히 많고, 해의 순서쌍 (x, y)를 좌표로 하는 점을 좌표평면 위에 나타내면 직선이 된다. 또 이 직선 위의 모든 점들의 순서쌍 (x, y)는 이 일차방정식의 해이다. 이때 이 직선을 일차방정식 $ax+by+c=0$의 그래프라 하고, 일차방정식 $ax+by+c=0$을 직선의 방정식이라고 한다.

상대도수

Relative frequency

도수의 총합에 대한 각 계급의 도수의 비율을
그 계급의 상대도수라고 한다.

· 학생들의 몸무게 ·

몸무게(kg)	학생 수(명)	상대도수
40 이상 ~ 50 미만	4	$\frac{4}{26} ≒ 0.15$
50 이상 ~ 60 미만	11	$\frac{11}{26} ≒ 0.42$
60 이상 ~ 70 미만	8	$\frac{8}{26} ≒ 0.3$
70 이상 ~ 80 미만	0	0
80 이상 ~ 90 미만	2	$\frac{2}{26} ≒ 0.07$
90 이상 ~ 100 미만	1	$\frac{1}{26} ≒ 0.03$
합계	26	1

$$(\text{어떤 계급의 상대도수}) = \frac{(\text{그 계급의 도수})}{(\text{도수의 총합})}$$

일차함수 $y=ax+b$의 그래프 ③

Graph of a Linear function $y=ax+b$ ③

25

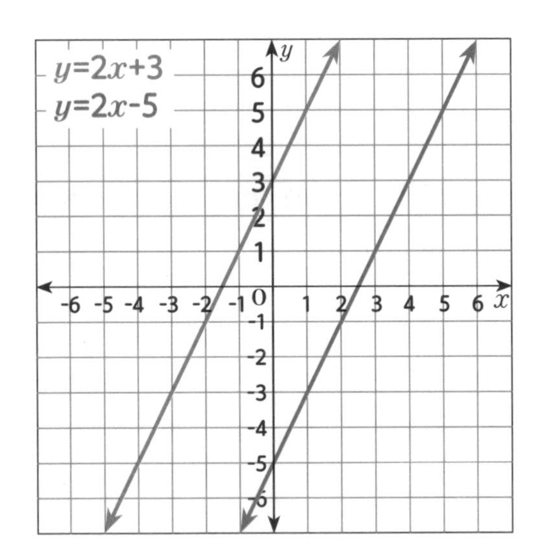

서로 평행한 두 일차함수의 그래프의 기울기는 같다.

기울기가 같은 두 일차함수의 그래프는 서로 평행하거나 일치한다.

August

6

상대도수 그래프
Graph of Relative frequency

· A학교 수학 성적 ·

수학 성적(점)	상대도수
0 이상 ~ 20 미만	0.1
20 이상 ~ 40 미만	0.1
40 이상 ~ 60 미만	0.32
60 이상 ~ 80 미만	0.43
80 이상 ~ 100 미만	0.05
합계	1

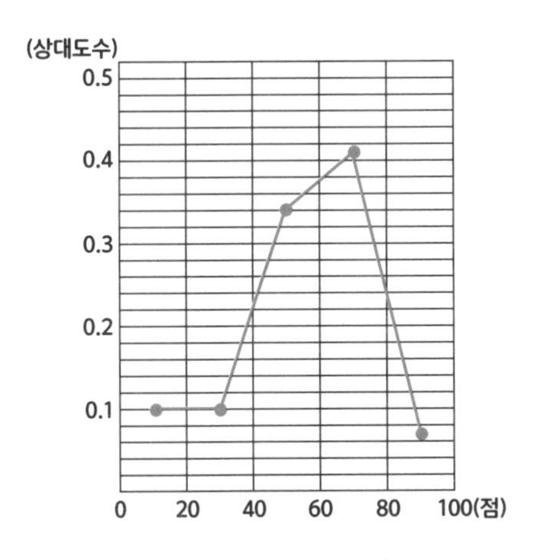

September

일차함수 $y=ax+b$의 그래프 ②

Graph of a Linear function $y=ax+b$ ②

24

a>0이면
오른쪽 위로 향한다

y
b
0
증가
증가

a<0이면
오른쪽 아래로 향한다

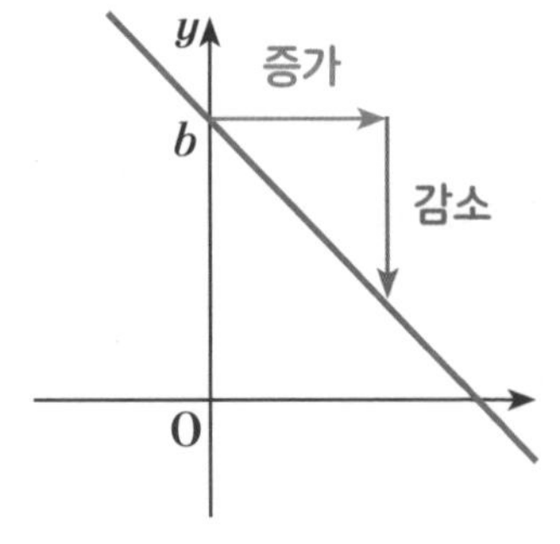

August

두 자료의 상대도수 분포 비교

Comparison of the distributions of Relative frequencies of two sets of data.

7

수학 성적(점)	상대도수	
	A 학교	B 학교
0 이상 ~ 20 미만	0.1	0.08
20 이상 ~ 40 미만	0.1	0.2
40 이상 ~ 60 미만	0.32	0.28
60 이상 ~ 80 미만	0.43	0.32
80 이상 ~ 100 미만	0.05	0.12
합계	1	1

→

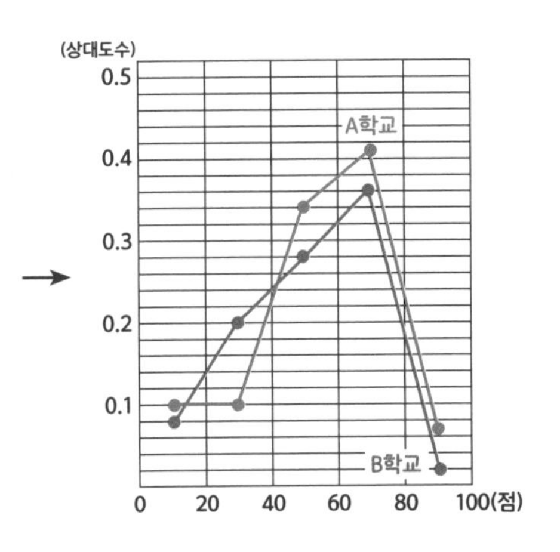

두 자료에 대한 상대도수의 분포를 하나의 그래프로 나타내면 두 자료의 분포 상태를 한눈에 비교할 수 있다.

September

일차함수의 기울기 23

Slope of a Linear function

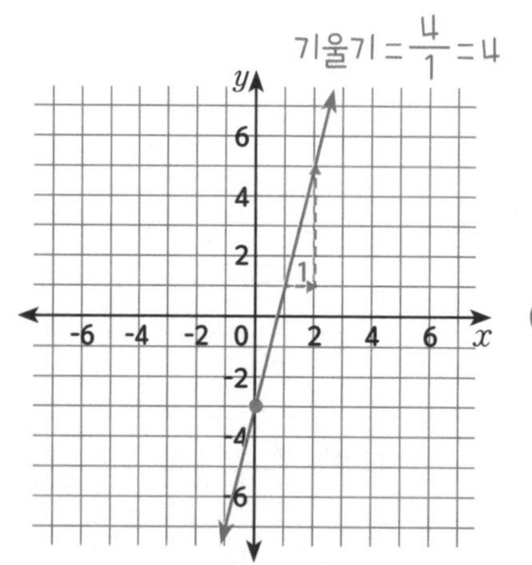

$$(\text{기울기}) = \frac{(y\text{의 값의 증가량})}{(x\text{의 값의 증가량})} = a$$

$y=ax+b$

기울기 ↗ ↖ y절편

일차함수 $y=ax+b$에서 x의 값의 증가량에 대한 y의 값의 증가량의 비율은 항상 일정하며, 그 비율은 x의 계수 a와 같다. 이 a를 일차함수 $y=ax+b$의 그래프의 기울기라고 한다.

복습!

Brush up on!

8

몸무게(kg)	학생 수(명)
40 이상 ~ 50 미만	4
50 이상 ~ 60 미만	11
60 이상 ~ 70 미만	8
70 이상 ~ 80 미만	0
80 이상 ~ 90 미만	2
90 이상 ~ 100 미만	1
합계	26

도수분포표

→

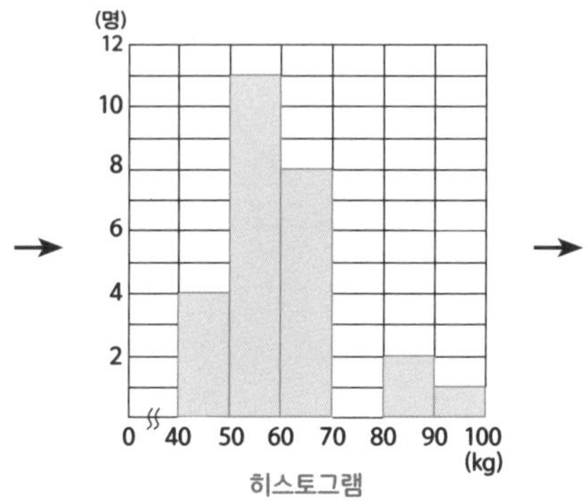

히스토그램

→

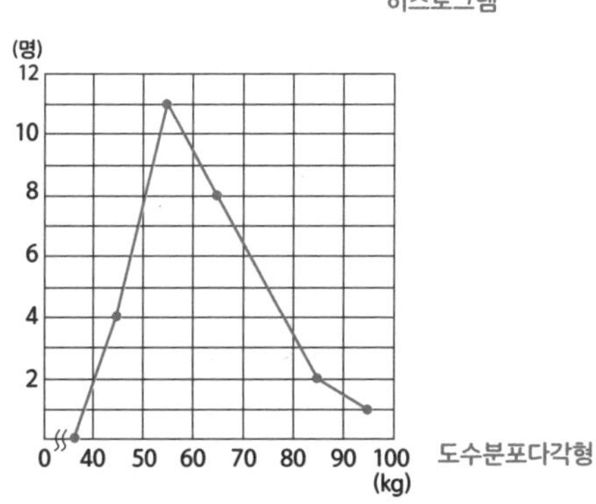

도수분포다각형

x절편과 y절편

x-Intercept and y-Intercept

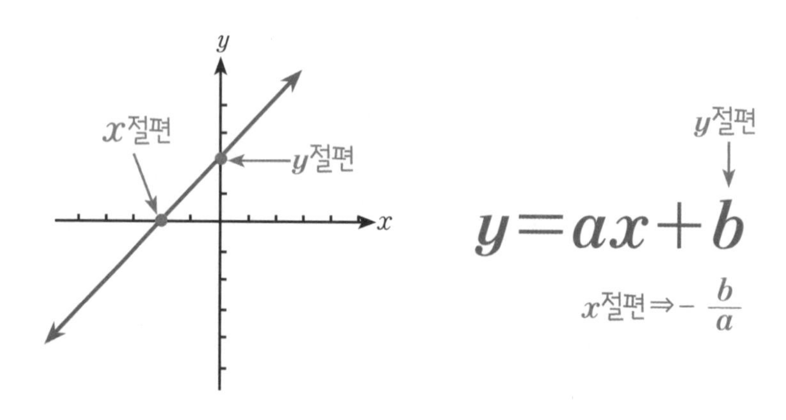

좌표평면에서 함수의 그래프가 x축과 만나는 점의 x좌표를 그 그래프의 x절편, y축과 만나는 점의 y좌표를 그 그래프의 y절편이라고 한다.

1089에 9를 곱하면

정반대인

9801

이 된다.

일차함수 $y=ax+b$의 그래프 ①

Graph of a Linear function $y=ax+b$ ①

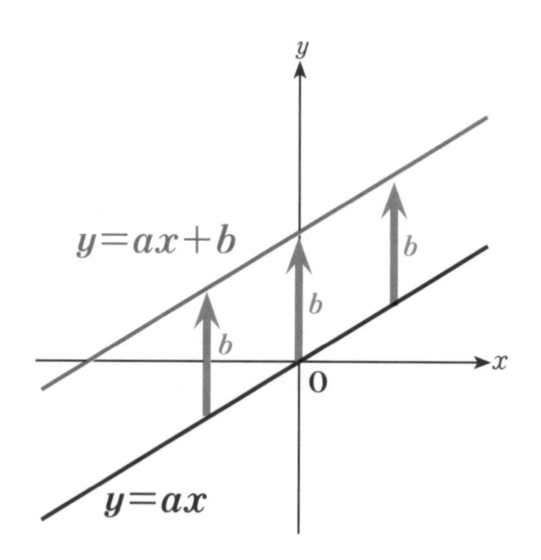

일차함수 $y=ax+b(a\neq 0)$의 그래프는 일차함수 $y=ax$의 그래프를 y축의 방향으로 b만큼 평행하게 이동한 직선이다.

August

10

소수
Decimal

$$\frac{1}{2}=0.5$$

$$\frac{2}{3}=0.666\cdots$$

$$\frac{3}{4}=0.75$$

$$\frac{4}{5}=0.8$$

1보다 작은 부분을 소수점 아래의 숫자로 나열해서 쓴 수를 소수라고 한다.

평행이동

Translation

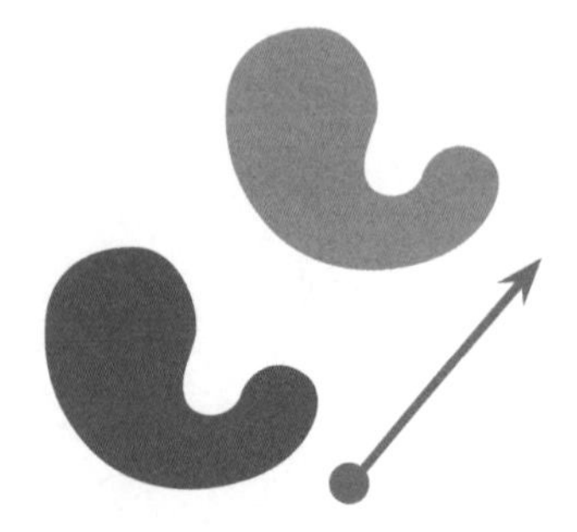

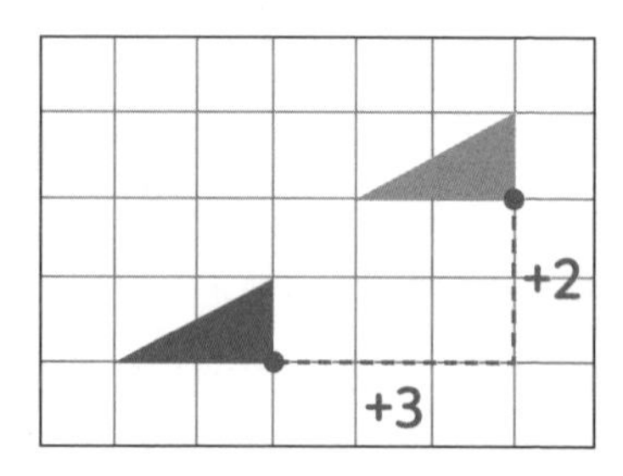

한 도형을 같은 일정한 방향으로 일정한 거리만큼

옮기는 것을 평행이동이라고 한다.

August

유한소수와 무한소수

Finite decimal & Infinite decimal

11

$$\frac{1}{2}=0.5$$

$$\frac{2}{3}=0.666\cdots$$

무한소수

$$\frac{3}{4}=0.75$$

$$\frac{4}{5}=0.8$$

소수점 아래에 0이 아닌 숫자가 유한개인 소수를

유한소수라고 하고, 무한개인 소수를 무한소수라고 한다.

일차함수

Linear function

19

함수 $y=f(x)$에서 y가 x에 대한 일차식

$y=ax+b$(a, b는 수, $a\neq0$)로 나타날 때,

이 함수를 x에 대한 일차함수라고 한다.

August

유한소수로 나타낼 수 있는 분수

Fractions that can be expressed as finite decimals

12

기약분수의 분모를 소인수분해했을 때, 소인수의 종류가 2와 5뿐이면 그 수는 유한소수로 나타낼 수 있다.

$$\frac{1}{20} = \frac{1}{2^2 \times 5}$$

분모를 소인수분해

→ 분모와 소인수가 2와 5뿐이다.

→ 유한소수로 나타낼 수 있다.

$y=2x+5$와 $f(x)=2x+5$

$y=2x+5$ and $f(x)=2x+5$

아래의 두 식은 같은 식이다.

$$y=2x+5$$

함수의 그래프를 그릴 때 사용한다.

$$f(x)=2x+5$$

함숫값을 구할 때 사용한다.

August

13

순환소수

Repeating decimal

0.9999... 9가 되풀이된다.

1.0888... 8이 되풀이된다.

3.242424... 24가 되풀이된다.

소수점 아래의 어떤 자리에서부터 일정한 숫자의 배열이
계속해서 되풀이되는 무한소수를 순환소수라고 한다.

September

17

함수의 표현

Representation of a Function

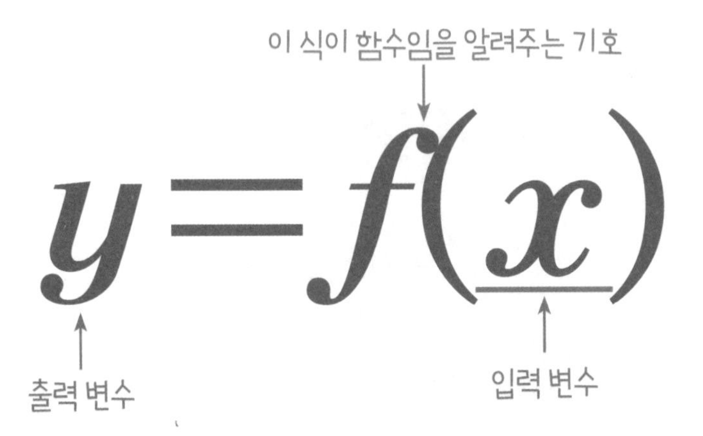

두 변수 x, y에서 y가 x의 함수인 것을 기호로

$y=f(x)$로 나타낼 수 있다.

순환마디

Repeating pattern of digits

$$0.31313131\ldots = 0.\dot{3}\dot{1}$$

$$1.0432432432\ldots = 1.0\dot{4}3\dot{2}$$

순환소수에서 소수점 아래의 반복되는 부분을 순환마디라고 한다. 순환소수는 순환마디의 첫 번째와 마지막 숫자 위에 점을 찍어서 간단히 표시할 수 있다.

함수

Function

16

두 변수 x, y에 대하여 x의 값이 변함에 따라 y의 값이 오직 하나씩 정해지는 대응 관계가 성립할 때, y를 x의 함수라고 한다. x가 하나 정해지면, y도 하나가 정해진다.

함수이다

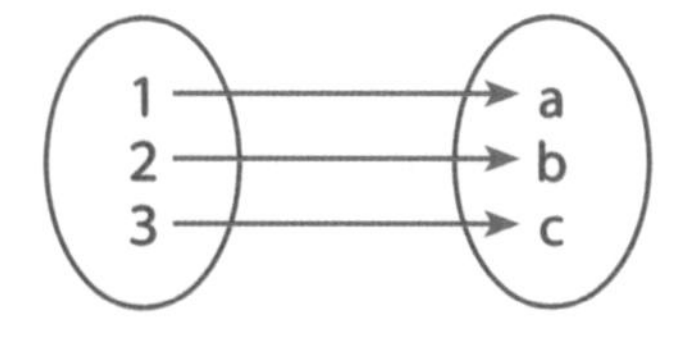

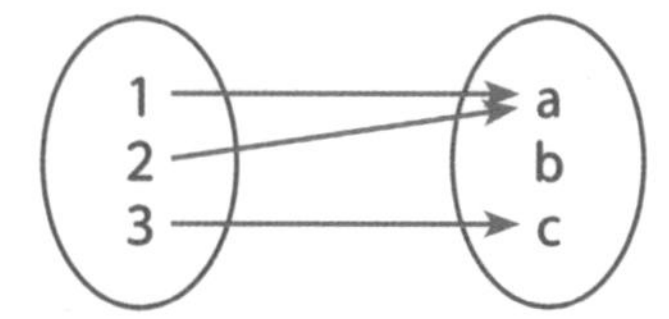

함수가 아니다

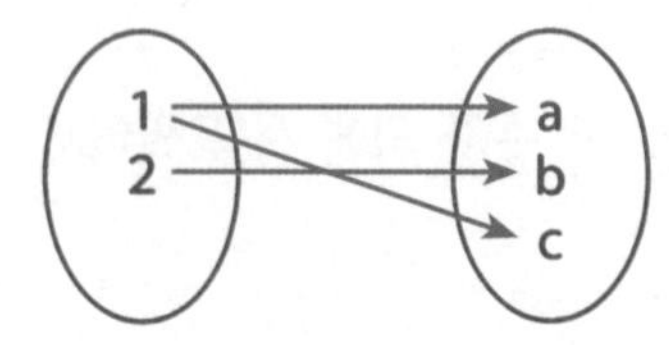

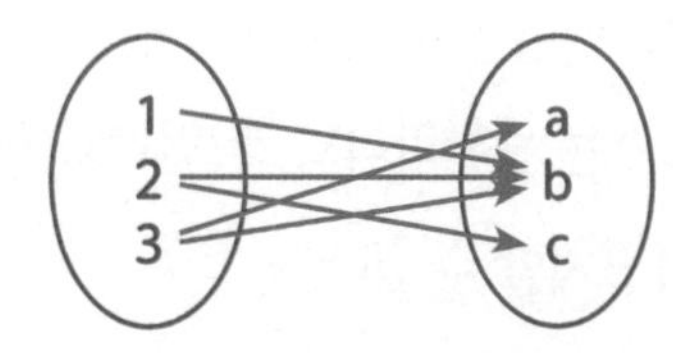

기약분수

Irreducible fraction

$$\frac{\cancel{120}^{12}}{\cancel{90}_{9}} = \frac{\cancel{12}^{4}}{\cancel{9}_{3}} = \frac{4}{3}$$

분모와 분자가 더 이상 약분되지 않는 분수를 기약분수라고 한다.

기약분수는 분모와 분자의 공약수가 1 말고는 다른 정수가 없다.

September

소소한 수학 15

숫자 8만 써서 1000을 만들어 보자!

답: 888+88+8+8+8=1000

August

순환소수로 나타낼 수있는 분수

Fractions that can be expressed as repeating decimals

16

$$\frac{15}{24}=\frac{5}{8}=\frac{5}{2\times2\times2}=0.625$$ ⇒ 유한소수

$$\frac{3}{30}=\frac{1}{10}=\frac{1}{5\times2}=0.1$$ ⇒ 유한소수

$$\frac{4}{6}=\frac{2}{3}=0.6666\cdots$$ ⇒ 순환소수

분수를 기약분수로 나타냈을 때 분모가 2나 5 이외의 소인수를 가지면 그 분수는 순환소수로 나타낼 수 있다.

September

연립방정식의 풀이 ②: 가감법 Solving simultaneous equations ②: Method of Elimination

14

연립방정식에서 두 일차방정식을 변끼리 더하거나 빼도 한 미지수가 없어지지 않을 경우, 두 일차방정식의 양변에 적당한 수를 곱한 후, 더하거나 뺄 수 있다.

연립방정식 $\begin{cases} x+y=7 \\ x-y=3 \end{cases}$ 에서

$$\begin{array}{ccc} x+y & = & 7 \\ + & & + \\ x-y & = & 3 \\ \downarrow & & \downarrow \\ 2x & = & 10 \end{array}$$

← 미지수 y가 없어짐

순환소수를 분수로 나타내기 ①

Converting repeating decimals to fractions ①

순환마디가 소수점 아래 바로 오는 경우

$0.\dot{5}$

$x = 0.555\cdots$ ──── ①

$10x = 5.555\cdots$ ──── ②

$9x = 5$

$\therefore = \frac{5}{9}$

순환마디가 소수점 아래 바로 오지 않는 경우

$1.3\dot{5}$

$x = 1.3555\cdots$ ──── ①

$100x = 135.555\cdots$

$10x = 13.555\cdots$ ──── ②

$90x = 122$

$\therefore = \frac{122}{90} = \frac{61}{45}$

1. 주어진 순환소수를 x로 놓는다.
2. 양변에 10의 거듭제곱을 적당히 곱해 소수점 아래의 부분이 같은 두 식을 만든다.
3. 두 식의 변끼리 빼서 x의 값을 구한다.

연립방정식의 풀이 ①: 대입법 Solving Simultaneous equations ①: Substitution method

연립방정식에서 두 일차방정식이 모두 한 미지수에 대한 식으로 나타나 있지 않을 경우, 일차방정식을 한 미지수에 대한 식으로 나타낸 후 대입할 수 있다.

연립방정식 $\begin{cases} x+y=8 \\ y=3x \end{cases}$ 에서

$x+y=8$

대입 ← $y=3x$

$x+3x=8$ ← 미지수 y가 없어짐

순환소수를 분수로 나타내기 ②

Converting repeating decimals to fractions ②

18

$$0.\dot{a}b\dot{c}=\frac{abc}{999}$$

← 전체의 수를 쓴다

← 순환마디의 숫자 개수만큼 9를 쓴다

$0.\dot{2}47\dot{3}=\frac{2473}{9999}$

소수점을 고려하지 않은 전체수에서 순환하지 않는 부분을 뺀다

$$a.b\dot{c}\dot{d}=\frac{abcd-ab}{990}$$

순환마디의 숫자 개수만큼 9를 써준 후, 그 뒤에 소수점 아래 순환마디에 포함되지 않는 숫자의 개수만큼 0을 붙여준다

$0.38\dot{2}\dot{5}=\frac{3825-38}{9900}=\frac{3787}{9900}$

September

연립방정식

Simultaneous equations

12

미지수가 2개인 두 일차방정식을 한 쌍으로 묶어 나타낸 것을 연립방정식이라고 한다. 이때 두 방정식의 공통의 해를 연립방정식의 해라 하고, 연립방정식의 해를 구하는 것을 연립방정식을 푼다고 한다.

$$\begin{cases} x+y=8 \\ y=3x \end{cases}$$

유리수와 소수의 관계

Relationship between Rational numbers & Decimals

소수
- 유한소수 0.5, −3.24, 5.555557 등…
- 무한소수
  - 순환소수 1.7777…, −5.332332332…, 2.53333… 등
  - 순환하지 않는 무한 소수 3.3157235982735…, −23.8711247124…, π 등…

미지수가 2개인 일차방정식의 해

Solution of a Linear equation with two unknowns

미지수가 x, y인 일차방정식을 참이 되게 하는 x, y의 값 또는 순서쌍 (x, y)를 그 일차방정식의 해 또는 근이라 하고, 일차방정식의 해를 모두 구하는 것을 방정식을 푼다고 한다.

예) x, y의 값이 자연수일 때, 일차방정식 $x+2y=5$의 해는 (1, 2), (3, 1)이다.

모든 수의 0 제곱은 1이다.
하지만 0의 0제곱은 정의되어 있지 않다.

미지수가 2개인 일차방정식

Linear equations with two unknowns

10

미지수 미지수

$$x+2y-13=0$$

x, y의 차수는 모두 1

지수법칙 ①

Laws of indices ①

21

m, n이 자연수일 때

$$a^m \times a^n = a^{m+n}$$

September

부등식의 해를 수직선 위에 나타내기

Showing the Solution of an inequality on a Number line

9

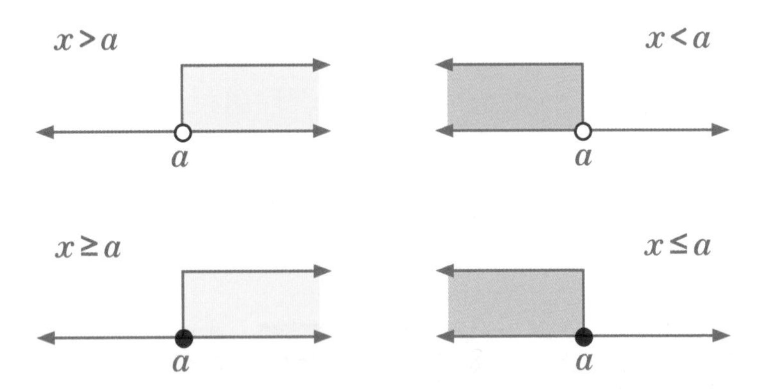

○ 점에 해당하는 수는 해에 포함되지 않는다.

● 점에 해당하는 수는 해에 포함된다.

부등식의 해는 위의 그림과 같이 수직선 위에 나타낼 수 있다.

지수법칙 ②

Laws of indices ②

22

m, n이 자연수일 때

$$(a^m)^n = a^{mn}$$

일차부등식의 풀이 ④

Solving linear inequalities ④

8

계수가 소수일 때 양변에 10의 거듭제곱을 곱해
계수를 정수로 만든 후 해를 구한다.

$$0.2x+0.04<0.05x-0.6$$

$$100(0.2x+0.04)<100(0.05x-0.6)$$

$$20x+4<5x-60$$

$$20x-5x<-60-4$$

$$15x<-64$$

$$x<-\frac{64}{15}$$

양변에
10의 거듭제곱을
곱한다

지수법칙 ③

Laws of indices ③

23

$a \neq 0$이고, m, n이 자연수일 때

$m > n$이면 $a^m \div a^n = a^{m-n}$

$m = n$이면 $a^m \div a^n = 1$

$m < n$이면 $a^m \div a^n = \dfrac{1}{a^{n-m}}$

일차부등식의 풀이 ③

Solving linear inequalities ③

7

계수가 분수일 때 양변에 분모의 최소공배수를 곱해

계수를 정수로 만든 후 해를 구한다.

괄호를 풀고, 동류항끼리 정리한 후 해를 구한다.

$$\frac{1}{3}x+\frac{1}{2} \geq \frac{1}{4}x-\frac{2}{3}$$

$$\left(\frac{1}{3}x+\frac{1}{2}\right)\times 12 \geq \left(\frac{1}{4}x-\frac{2}{3}\right)\times 12$$ 최소공배수를 곱한다

$$4x+6 \geq 3x-8$$ → 계수가 정수가 된다

$$4x-3x \geq -8-6$$ → 동류항끼리 정리한다

$$x \geq -14$$

August

지수법칙 ④

Laws of indices ④

24

m이 자연수일 때

$$(ab)^m = a^m b^m$$

$$\left(\frac{b}{a}\right)^m = \frac{b^m}{a^m} \quad (a \neq 0)$$

일차부등식의 풀이 ②

Solving linear inequalities ②

6

괄호가 있을 때 괄호를 풀고,

동류항끼리 정리한 후 해를 구한다.

$$6(x+3)<2(x-2)+1$$

괄호를 푼다

$$6x+18<2x-4+1$$

$$6x-2x<-18-4+1$$

동류항끼리 정리한다

$$4x<-21$$

$$x<-\frac{21}{4}$$

복습!
Brush up on!

~ 지수법칙 ~

$$a^m \times a^n = a^{m+n}$$

$$a^m \div a^n = a^{m-n}$$

$$a^0 = 1$$

$$(a^m)^n = a^{m \times n} = a^{mn}$$

$$a^{-m} = \frac{1}{a^m}$$

일차부등식의 풀이 ①

Solving linear inequalities ①

주어진 부등식을

$x<$(수), $x>$(수),

$x\leq$(수), $x\geq$(수)

중에서 어느 하나의 꼴로 바꾸어 해를 구한다. 이때 미지수의 계수로 양변을 나눌 때 계수가 음수이면 부등호의 방향이 바뀐다.

$$-2x+5\leq 9$$
$$-2x\leq 9-5$$
$$-2x\leq 4$$
$$x\geq -2$$

← 부호의 방향이 바뀐다

단항식의 곱셈
Multiplication of Monomials

26

문자는 그대로

$$2a \times 3 = (2 \times 3)a = 6a$$

숫자끼리 곱

계수는 계수끼리, 문자는 문자끼리 곱하여 계산한다.

일차부등식

Linear inequality

4

부등식의 모든 항을 좌변으로 이항하여 정리한 식이

(일차식)<0, (일차식)>0, (일차식)≤0, (일차식)≥0

중에서 어느 하나의 꼴로 나타나는 일차부등식이라고 한다.

$2x-3\le5$ → $2x-8\le0$ ← 일차부등식이다

$x-5\le x$ → $-5\le0$ ← 일차부등식이 아니다

$x^2+7>3$ → $x^2+4>0$ ← 일차부등식이 아니다 x의 차수가 2이다

August

27

단항식의 나눗셈

Division of Monomials

$3a^2b^4 \div 4ab^3$

$= \dfrac{3a^2b^4}{4ab^3}$ 나눗셈을 분수로

$= \dfrac{3}{4}ab$

같은 문자끼리 약분

$6ab^2 \div 4ab^3$

$= 6ab^2 \times \dfrac{1}{4ab^3}$ 곱하기로 바꾸고 역수

$= \dfrac{3}{2b^2}$

약분 후 계산

단항식의 나눗셈은 역수를 이용해

나눗셈을 곱셈으로 고치거나, 분수 꼴로 바꿔서 계산한다.

이때 계수는 계수끼리, 문자는 문자끼리 계산한다.

부등식의 성질

Properties of Inequality

3

① $a>b$이면 $a+c>b+c$, $a-c>b-c$

양변에 같은 수를 더하거나 양변에서 같은 수를 빼도
부등호의 방향은 바뀌지 않는다.

② $a>b$, $c>0$이면 $ac>bc$, $\frac{a}{c}>\frac{b}{c}$

양변에 같은 양수를 곱하거나 양변을 같은 양수로 나누어도
부등호의 방향은 바뀌지 않는다.

③ $a>b$, $c<0$이면 $ac<bc$, $\frac{a}{c}<\frac{b}{c}$

양변에 같은 **음수**를 곱하거나 양변을 같은 음수로 나누면
부등호의 방향은 **바뀐다**.

August

28

다항식의 덧셈과 뺄셈

Adding and subtracting Polynomials

$$
\begin{aligned}
(5x+2y)-(4x+3y) &= 5x+2y-4x-3y \\
&= 5x-4x+2y-3y \\
&= (5-4)x+(2-3)y \\
&= x-y
\end{aligned}
$$

교환법칙

동류항끼리 모은다

문자가 2개 이상인 다항식의 덧셈과 뺄셈은

문자가 1개인 일차식과 마찬가지로

먼저 괄호를 풀고 동류항끼리 모아서 간단히 계산한다.

부등식의 해

Solution of inequality

2

부등식이 참이 되게 하는 미지수의 값을

그 부등식의 해라고 한다.

x의 값이 자연수일 때 부등식 $x-4<1$의 해를 구하라.

x가 자연수라 했으니 $x=1$부터 차례로 식에 대입한다.

x	1	2	3	4	5	6	7
식	-3<1	-2<1	-1<1	0<1	1<1	2<1	3<1
참/거짓	참	참	참	참	거짓	거짓	거짓

그러므로 부등식 $x-4<1$의 해는 1, 2, 3, 4이다.

다항식의 차수

Degree of a Polynomial

29

x^1+4 ⟶ 1차식

x^2+x^1-5 ⟶ 2차식

$2x^3+11x^2+3$ ⟶ 3차식

식의 각 항의 차수 중 가장 큰 차수를

그 다항식의 차수라고 한다.

부등식

Inequality

1

부등호 $<$, $>$, $\leq$, $\geq$ 를 사용하여 수 또는 식 사이의 대소 관계를 나타낸 식을 부등식이라고 한다.

$a>b$

a는 b보다 크다.
a는 b 초과이다.

$a<b$

a는 b보다 작다.
a는 b 미만이다.

$a \geq b$

a는 b보다 크거나 같다.
a는 b보다 작지 않다.
a는 b 이상이다.

$a \leq b$

a는 b보다 작거나 같다.
a는 b보다 크지 않다.
a는 b 이하이다.

August

30

다항식 × 단항식

Polynomial x Monomial

$$(2x+7y-3)x$$
$$=2x\times x+7y\times x+(-3)\times x$$
$$=2x^2+7xy-3x$$

분배법칙을 이용한다.

분배법칙을 이용해 단항식과 다항식의 곱을

하나의 다항식으로 나타내는 것을 전개라고 한다.

· 9월에 배울 수학 개념 ·

부등식
부등식의 해
부등식의 성질
일차부등식
일차부등식의 풀이 ①
일차부등식의 풀이 ②
일차부등식의 풀이 ③
일차부등식의 풀이 ④
부등식의 해를 수직선 위에 나타내기
미지수가 2개인 일차방정식
미지수가 2개인 일차방정식의 해
연립방정식
연립방정식의 풀이 ①: 대입법
연립방정식의 풀이 ②: 가감법
소소한 수학*
함수
함수의 표현
$y=2x+5$와 $f(x)=2x+5$
일차함수
평행이동
일차함수 $y=ax+b$의 그래프 ①
x절편과 y절편
일차함수의 기울기
일차함수 $y=ax+b$의 그래프 ②
일차함수 $y=ax+b$의 그래프 ③
일차방정식과 일차함수
미지수가 2개인 일차방정식과 일차함수의 그래프
일차방정식 $x=m$, $y=n$의 그래프
연립방정식의 해와 그래프 ①
연립방정식의 해와 그래프 ②

다항식 ÷ 단항식

Polynomial ÷ Monomial

나눗셈을 곱셈으로 바꿔서 계산한다.

$$(\text{다항식}) \div (\text{단항식}) = (\text{다항식}) \times \frac{1}{(\text{단항식})}$$

$$\begin{aligned}(9x^2y+2xy)\div 2x &= (9x^2y+2xy)\times\frac{1}{2x}\\ &= \frac{9x^2y+2xy}{2x}\\ &= \frac{9x^{\cancel{2}1}y}{2\cancel{x}}+\frac{\cancel{2}\cancel{x}y}{\cancel{2}\cancel{x}}\\ &= \frac{9}{2}xy+y\end{aligned}$$

9

September